新 一 代 人 的 思 想

[英] 亨利·吉（Henry Gee）著

邢立达 唐亦辰 译

地球生命小史

A
(VERY) SHORT
HISTORY *of* LIFE
ON
EARTH

4.6 BILLION YEARS IN 12 CHAPTERS

生命演化史诗的
12个乐章

中信出版集团 | 北京

图书在版编目（CIP）数据

地球生命小史/（英）亨利·吉著；邢立达，唐亦
辰译. -- 北京：中信出版社，2023.4
书名原文：A（Very）Short History of Life On
Earth
ISBN 978-7-5217-5380-6

I.①地… II.①亨… ②邢… ③唐… III.①地球演
化－普及读物 IV.① P311-49

中国国家版本馆 CIP 数据核字（2023）第 033656 号

地球生命小史
著者：　　[英]亨利·吉
译者：　　邢立达　唐亦辰
出版发行：中信出版集团股份有限公司
　　　　　（北京市朝阳区东三环北路 27 号嘉铭中心　邮编　100020）
承印者：　北京诚信伟业印刷有限公司

开本：787mm×1092mm　1/32　　印张：10.5　　字数：217 千字
版次：2023 年 4 月第 1 版　　　　印次：2023 年 4 月第 1 次印刷
京权图字：01-2023-0086　　　　　书号：ISBN 978-7-5217-5380-6
定价：72.00 元

纪念珍妮·克拉克（1947—2020）

我的导师、朋友

目
录

推荐序一

本书作者亨利·吉是我认识很多年的"朋友",之所以朋友两字需要打上引号,是因为这主要源自工作关系,而非私交。因为从我职业生涯开始的时候,他就已经是《自然》(*Nature*)杂志高高在上的编辑。我清楚记得,每次他来参加国际会议,通常会有很多人想和他攀谈,一方面交流自己最重要的工作,期望能够引起杂志的关注;另一方面恐怕也有联络感情的因素在内。

或许是因为中国的化石发现与研究在过去的几十年实在过于耀眼,发在《自然》的文章又大多是他曾经经手的,因此他对中国的古生物学家也格外友好,曾经给过一些很高的评价。也许因为我曾经担任中科院古脊椎动物与古人类研究所的所长,他也曾经通过我的邀请和组织,多次到中国访问,或者与众多中国古生物学家进行线上的交流。当然,更多时候,我们的关系仅仅局限于编辑 – 作者(或审稿人)之间的联系。

亨利·吉的古生物学与进化生物学教育背景也是他对化石情有独钟的原因之一。也是这个缘故,才有了你眼前的这本关于地球生命演化历史的新书。我很羡慕作者能够充分利用长期担任《自然》编辑的便利，对过去几十年全球古生物领域那些最激动人心的化石发现了如指掌，而且书中引用的文献也有很多来自《自然》发表的成果。他从 1987 年开始在《自然》杂志工作。诚如他在致谢中所言，"我任职的这段时期可能正是科学史上最令人兴奋的时期，我在头排位置观看了许多精彩的科学发现，它们一一展现在我眼前。若非如此，我也不可能写出这本书。"这使得本书的内容既有权威性，也充分代表了这一领域最新的进展。本书不仅适合一般的读者，对从事地球与生命演化领域的学者而言，也是一部特别有用的长篇综述。

本书平铺直叙的风格丝毫没有掩盖其语言的流畅与通俗，这一方面与作者的语言功力有关，自然也离不开两位译者的功劳。本书的风格别具一格，宛如一位亲身经历了数十亿年地球生命演化历史的地球老人，如数家珍，一个个简洁的生命故事经他娓娓道来，为读者呈现了一幅地球生命演化历史的全景画卷。

我记不得这是作者的第几本科普书了。这些年我也参与了不少科普方面的工作，常常思考的问题之一是：究竟我们需要什么人来做科普？科技人员当然是做科普的主力军，其中的道理无须赘述，确实我们也见到不少这一类型的经典著作。不得不说的是，市场上广受欢迎的引进版科普书中，还有不少作者本身并非一线的科技人员，而是学术刊物的编辑，或者科学记者，他们通常与科技人员有着长期、密切的联系，熟悉科技圈的故事，往往能够从局外人的视角看待科技的发展，再加上他们驾驭语言的能力，以及对人文、社会的关注，创作的作品常常更加吸引读者。这或许也是本书能够带给我们的一个额外的启发吧。

周忠和

中国科学院院士

中国科普作家协会理事长

2023 年 2 月 20 日

推荐序二

　　亨利·吉是世界著名学术期刊英国《自然》杂志的一名资深编辑。他还有另外一个身份，那就是古生物学者。亨利在剑桥大学接受了世界一流的古生物学训练，在攻读博士学位期间，研究了英国冰河时代牛科动物的演化。不过，他并没有成为一个全职的古生物学者。亨利选择了出版业，于 1987 年入职《自然》杂志，但同时也成为一名兼职古生物学者，编辑和撰写了多部古生物学方向的著作，包括这本书。凭借在出版界的历练和对古生物学的深厚了解，他的写作兼具文字流畅、知识丰富和热点精准几个特点，深受公众的喜爱，他的这本《地球生命小史》也因此获得了 2022 年度英国皇家学会科学图书奖。其实，在他准备这本书的时候，我就有幸阅读过草稿，当时就觉得这本书会成为一本获奖图书。

　　我第一次与亨利见面是在 1999 年 10 月，当时我们都参加了在美国丹佛举办的北美古脊椎动物学年会。他给我的第一印象是大大咧咧，非常随和，和典型的英国人不一样。那一年，我和同事在《自然》杂志上报道了两种带羽毛恐龙的发现，亨利就是处理我们稿件的编辑，因此，我们有共同语言，聊得很尽兴。在交流中，我还和他谈到了未来的投稿，他的反馈非常积极，欢迎我选择《自然》。其实，在 1997 年的时候，我和亨利就开始有邮件交流，那是我第一次给《自然》杂志投稿。虽然评审意见还算正面，但是亨利要求我们把文章缩减成只有一个印刷版面的短文。那时我并不完全了解《自然》杂志在学术出版界的地位，觉得这样的改动损失太大，因此准备放弃，另选其他杂志投稿。幸运的是，我得到了当时在美国留学的周忠和院士的劝说，认识到在《自然》上发表我们的文章是一个更明智的选择，因此才有了我的第一篇《自然》论文，于 1998 年发表。

应该说，1999 年丹佛的会面帮助我和亨利建立了真正的联系和信任感，在随后的 20 多年中，我每次有重要的科学发现，总会想到和亨利联系，询问他的意见，也因此在《自然》杂志上发表了不少论文，同时也和《自然》杂志建立了很好的关系，在《自然》的其他栏目上也应邀贡献了一些文章。毫无疑问，我在《自然》杂志上发表论文数量最多的主题是关于恐龙如何从陆地飞向蓝天，最终演化为鸟类的。这一主题也构成了《地球生命小史》的一个章节，在这个题为"飞翔的恐龙"的章节里，亨利提及了我和同事命名的几种恐龙，包括小盗龙、奇翼龙、近鸟龙和耀龙。

当然，《地球生命小史》涵盖的内容远远跨越了中生代时期的恐龙演化历史。简单地说，这本书前11个章节以时间为轴，从宇宙诞生说起，介绍了地球的诞生和早期演化，生命的起源和早期演化，以及随后地球演化历史过程中的一系列重要事件，包括大陆变迁历史和气候变迁历史，主要生物类群的起源、演化乃至灭绝，以及一系列生物大灭绝事件。

《地球生命小史》尤其突出了脊椎动物的演化历史，介绍了脊椎动物的一系列重要生物结构，像取食器官颌、陆地运动器官四肢、生殖结构羊膜卵和飞行器官翅膀，以及包括牙齿和听觉系统在内的哺乳动物各种特化的生物结构和器官，是如何演化的；也介绍了若干脊椎动物亚类群的演化历史，介绍它们如何从海洋登上陆地，又从陆生变为水生，如何从陆地飞上蓝天，又是如何回到地面的。《地球生命小史》尤其详细解读了我们人类这个物种的演化历史，展现了人类从非洲扩散到全球各个大陆，历经困难，最终统治这个星球的过程。

《地球生命小史》描述了一个恢宏壮观、波澜起伏的地球生命演化历史，这样的历史是由一个个灭绝物种构成和书写的，尤其是那些见证了生物演化关键时期的重要灭绝物种。这些重要灭绝物种的一些代表被古生物学家们发现、分析和展现，亨利作为《自然》杂志的编辑，有幸见证了其中一些物种被发现的过程，也因此有机会深入了解这些物种和相关的生命演化历史。在《地球生命小史》一书中，作者列举了一些在《自然》

杂志中报道的物种，包括我和同事命名的一些恐龙。这些物种就像人类社会中的一个个明星，演示了社会发展的特定时期，让有时抽象的演化历史变得更加形象和生动。

在这本书的最后一章，作者预测了未来地球的大陆和气候变迁，预测了持续的二氧化碳下降和太阳辐射增强对生命世界的影响，预测了人类灭绝的不可避免性，预测了未来生物可能的模样，也预测了各类生物的最终灭绝。尽管作者给我们展现了一个有关地球生命世界未来的悲观图景，但他在后记中依然强调了生命存在的意义。

《地球生命小史》是一本有关地球生命演化历史的硬核科普书，书中既有当前有关地球生命演化的共识，也有作者对于生命演化的思考。对于热爱生命演化历史的人来说，这是一本一定要看的书。

徐星

古生物学家

云南大学教授

中国科学院古脊椎动物与古人类研究所研究员

2023 年 2 月 17 日于昆明

时间线 1　宇宙与地球

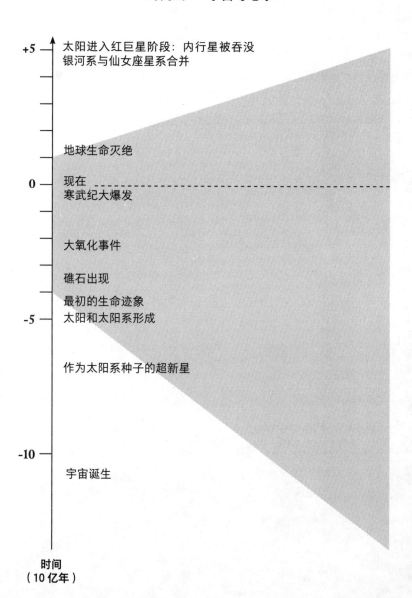

+5 — 太阳进入红巨星阶段：内行星被吞没
银河系与仙女座星系合并

地球生命灭绝

0 — 现在
寒武纪大爆发

大氧化事件

礁石出现

最初的生命迹象
-5 — 太阳和太阳系形成

作为太阳系种子的超新星

-10 — 宇宙诞生

时间
（10 亿年）

1

冰 与 火 之 歌

在很久很久以前，一颗巨型恒星濒临死亡。经过了几百万年或更长时间的持续燃烧，它的燃料将要耗竭，无法再维持星体中心的聚变反应。氢原子聚变成氦的核聚变反应为恒星提供了能量，使之发光发热，同时核聚变也抵抗着恒星自身的引力以免坍缩，这一点至关重要。随着作为聚变燃料的氢越来越少，恒星开始把氦原子聚变成碳和氧等更重的元素。不过到这一阶段，可供恒星燃烧的物质已经不多了。

终于有一天，燃料完全耗尽了，引力在拉锯战中获胜：恒星发生了内爆。恒星的稳定燃烧持续时间以百万年计，可是内爆却发生在一瞬间。内爆进一步引起了反弹性的大爆炸，其剧烈程度足以把宇宙点亮，这就是"超新星爆发"。即使有生命曾经孕育于这个恒星系，它们也会因这场大爆炸而被彻底摧毁。不过，致命的大灾变中却孕育着新事物的种子，在恒星生命的最后阶段甚至合成了硅、镍、硫和铁等重元素，超新星爆发又把这些元素抛向宇宙空间。

数百万年之后，超新星爆发的引力波穿过了由气体、尘埃和冰组成的星云。引力波对时空的扰动导致星云在引力作用下收缩汇聚，同时也加快旋转。在星云的中心，气体被引力强烈压缩，开启了核聚变反应：氢原子核聚变形成氦元素，放出光和热。这就是恒星生命的循环——死亡的是一颗古老的恒星，新生的是一颗年轻的恒星：我们的恒星，太阳。

气体、尘埃和冰所组成的星云中富含超新星创造的重元素。星云围绕着新生的太阳旋转，凝聚成为一个行星系统。我们的地球就是其中的一个行星。幼年的地球与我们今天熟知的地球截然不同，那个时候的大气中充满了甲烷、二氧化碳、水蒸气和氢气，完全无法供我们呼吸。地表是一片熔岩之海，不断受到小行星、彗星甚至其他行星的撞击。有一颗名为忒伊亚（Theia）的行星曾经撞击了地球，它和今天的火星差不多大。[1] 忒伊亚给了地球一记偏斜的撞击，导致自身解体，也把地球大部分的表面物质撞飞到宇宙空间。之后的一段时间，地球就像土星一样拥有星环。最终，组成星环的物质融合成一个新的天体——月球。[2] 这些是大约 46 亿年前所发生的事。

漫长的时间之后，地球终于冷却了下来，大气中的水蒸气得以凝结成雨水降落到地表。这场雨下了数百万年，形成了最初的海洋，导致整个地球表面完全被水覆盖。地球曾经是火的世界，此时却变成水的世界。但这个世界并不平静。

地球生命小史

那时候地球的自转速度要比今天快得多，新生的月球距离地球较今天更近，它在黑色的地平线上显得巨大无比，所引起的潮汐就像海啸一般。

　　不能把行星简单地看作一堆岩石。随着时间的推移，任何直径超过几百千米的行星内部都会沉淀分层。铝、硅和氧等密度较低的元素在地表附近形成了一个岩石薄层，铁、镍等较重的元素则沉积到地核中。今天的地核就是一个旋转的液态金属球。引力和放射性重元素（比如铀）的衰变使地核保持高热，而这些放射性元素也是超新星爆发前，恒星在生命的最后时刻合成的。由于地球的旋转，地核中产生了磁场，其范围穿过地表延伸到遥远的太空中。磁场为地球屏蔽了来自太阳辐射的持续不断的高能粒子风暴（太阳风）。这些带电粒子会被地磁场排斥，远远弹开或者绕过地球进入太空。

　　热量从熔融的地核向外传递，使地球一直处于流动状态，就像一锅水在炉子上慢慢沸腾一样。上升的热量软化了地表的岩层，使较轻的固态岩石地壳破裂、分离，而逐渐扩大的裂缝最终形成新的海洋。地壳破裂形成的碎块称为构造板块，它们永远处于运动当中。不同的构造板块互相碰撞、滑移或者俯冲潜入地下。板块的运动在大洋底部刻出了深沟，也形成了高高隆起的山脉。它们引起地震和火山喷发，也促使新的大陆形成。

光秃秃的山脉日益高耸，但在构造板块的边缘，大量的地壳物质被吸入深不见底的海沟，被水和沉积物覆盖，深深沉入地球内部，经历了若干变化，然后又浮起到地表。地质历史上有些大陆已经消失，但这些大陆边缘地带的海底淤泥却有可能在数亿年之后随着火山喷发而重见天日，[3] 或者被转化为钻石。

在所有这些动荡和灾难当中，生命诞生了。正是动荡和灾难本身滋养了生命，哺育了生命，并让生命发展壮大。生命出现在海洋的最深处，在那里，构造板块的边缘俯冲着插入地壳造成断裂。在极高的压力下，富含矿物质的热泉从海底裂缝中喷涌而出。

最早的生命不过是浮沫状的膜，它们出现于岩石里的微小孔隙中。海水上升形成湍流时，会形成许多漩涡，导致自身能量降低，并把水流中携带的矿物质碎屑[4]倾倒进岩石的缝隙和孔隙，这就是生命的诞生环境。构成生命的膜不是完全封闭的，它们像筛子一样，选择性地允许某些物质通过。

　　　　　　　　　　　地球生命小史

尽管它们并不致密，但膜内环境还是比暴风骤雨般的外界平静有序得多。正如一个小木屋，它有墙壁和屋顶，即使门窗嘎吱作响，在屋内也足以躲避北极风暴。实际上膜的渗漏性正好可供生命利用，生命可以通过膜输送能量和营养物质并排泄代谢物。[5]

外部世界的化学性质纷乱无章，但膜的内部却是秩序的港湾。慢慢地，生命对能量的利用越来越精细，它们学会让自身的一部分膜出芽形成小泡。这种现象一开始是随机进行的，但随着时间的推移变得越来越有规律。生命学会了把膜内部的化学反应模式复制遗传给下一代膜泡。这就保证了子代膜泡大致上是亲代的忠实拷贝。效率较高的膜泡得以蓬勃发展，而效率不高的则逐渐消亡。

系统的无序程度称为熵。宇宙的总熵随着时间推移不断增加，这是不可避免的。但是这些简单的膜泡找到了一种方式，可以暂停或减慢熵增，因此它们已经站在了生命的门槛上。对抗熵增正是生命的本质属性。这些浮沫般的"细胞"在荒凉的世界上庄严地宣告了生命的诞生。[6]

生命的存在足以令人惊叹，但也许更令人吃惊的是它诞生得如此之快。在地球形成仅仅 1 亿年的时候，这颗年轻的星球还不断地遭到天体的轰击，当时形成的撞击坑有月球上的环形山那么大，[7] 然而，那时生命已经在海底深处的火山附近萌生了。到了 37 亿年前，生命已从幽暗的大洋底部扩展到阳光照射下的浅海。[8] 34 亿年前，数以万亿计的生物体聚集在一起形成了礁石，即使是在太空中也能看到其规模。[9] 地球生命真正到来了。

这些礁石不是珊瑚礁，但它们仍然在地球上兴盛了近乎 30 亿年之久。它们是由一类叫蓝细菌的微生物所生成的。今天池塘里的蓝绿色浮沫正是这种微生物。它们连成一串，形成绿色的丝状体，再与自身分泌的黏液结合，形成礁石。蓝细菌在海底的岩石表面蔓延生长，直到水流扬起沙子将其掩埋，而后它们继续生长，让沙砾成为礁石的一部分，直到又一次被沙掩埋，如此循环往复。它们用层层叠叠的黏液和沉积物建造出小丘，我们称之为叠层石。叠层石是地球上最成功、最持久的生命形式，在长达 30 亿年的时间里它们是无可争议的世界统治者。[10]

在生命起源的时候，世界虽然温暖，[11] 但除了水声和风声以外并没有其他的声音。空气里几乎没有氧气，大气上层也没有臭氧层。没有臭氧的屏蔽，太阳辐射的紫外线可以把

　　　　　　　　地球生命小史

海面以上和以下几厘米范围内的一切生物杀死。作为一种防御手段，蓝细菌演化出了色素用于吸收有害的辐射。辐射的能量被色素吸收以后，还能再加以利用。蓝细菌会利用这种能量驱动化学反应，把碳、氢、氧原子结合在一起生成糖类和淀粉。我们将这一反应称为光合作用。致命的危险变成了宝贵的财富。

现代植物利用一种叫叶绿素的色素来吸收能量。在叶绿素的作用下，水分子中的氢原子和氧原子被阳光的能量拆散，然后驱动下游的一系列化学反应。在地球历史的早期，光合作用分解的也可能是含铁或硫的矿物质。但无论如何，分解水永远是最好的选择，因为地球上不会缺水。然而水有一个问题：它的光合作用产物包括一种无色无味，能够灼伤一切的有毒气体。事实上这种气体是全宇宙最致命的毒气之一。是什么呢？就是游离氧，或称为氧气。

早期生命是在无氧的海洋中演化诞生的，对它们来说，氧气的出现堪称严重的环境灾难。这样说并不夸张，因为在至少 30 亿年前蓝细菌刚刚开始排放氧气的时候，空气里的氧含量很低，充其量是一种微量污染物而已。但是氧气的灼烧效力太强，导致众多习惯于无氧环境的生物从此灭绝。这是地球历史上一系列大灭绝事件中的第一次。

在大氧化事件期间，大气中的游离氧变得更丰富了。这是大约 24 亿到 21 亿年前的动荡时期，当时由于尚不清楚的原因，大气中的氧气浓度先是急剧上升，超过了今天地球上的氧气含量（21%），然后又逐渐回到了略低于 2% 的水平。虽然这一含量按当今标准是无法供人呼吸的，但在当时还是对生态系统产生了根本性影响。[12]

地质构造运动突然活跃，把沉积了无数代的生物尸体大量埋入海底。这些生物尸体被称为碎屑，其中含有丰富的碳元素。被埋入海底的碎屑与氧气隔绝，避免了二者之间发生化学反应，因此导致游离氧过剩，而氧气可以与一切物质发生化学反应，连石头也不能幸免。在氧气的作用下，铁转化成了赤铁矿（铁锈），碳转化成了石灰石。

与此同时，大量新形成的岩石能够吸收大气中的甲烷和二氧化碳。这两种气体就是所谓温室气体。当时的大气中含有大量的温室气体，像是一层厚重的毯子，足以让地球保持温暖。但在岩石的作用下，甲烷和二氧化碳几乎消失。温室效应减弱，地球温度骤降并进入了第一次冰期——这次冰期也是后来一系列冰期当中最大的一次。从北极到南极，整个地表被冰川覆盖，时间长达 3 亿年。然而，就像大氧化事件和雪球地球事件这样的大灾难也没有让生命灭绝。许多生物死去了，但幸存的生物开启了演化的新篇章。

在地球历史的头 20 亿年里，最复杂的生命形式只不过是建立在细菌细胞的基础之上。细菌是简单的单细胞生物，有的时候单独生活，有的时候彼此粘连，在海底形成菌毯，或者附着在像意大利天使面般细密的蓝细菌丝状体上。细菌的细胞总是很小，一个针尖上能放下的细菌的个数就有参加伍德斯托克音乐节的人数那样多，而且还有富余。[13]

在显微镜下，细菌细胞看起来简单而无特色。但这种简单具有欺骗性。就其习性和栖息地而言，细菌的适应能力很强，几乎可以在任何地方生存。人体内部和表面的细菌数量远远大于人体细胞的总数量。尽管有些细菌会导致严重的疾病，但是没有细菌我们是无法生存的。只有在肠道细菌的帮助下，人类才能消化食物。

人体不同部位的酸度和温度差异很大，可是从细菌的角度来看，人体任何部位的条件都相当温和。有的细菌十分耐热，在沸水中生活十分舒适。有的细菌能在原油里生长，有的细菌能在致癌性溶剂里生长，有的细菌甚至能在核废料里生长。有的细菌能耐受太空的真空环境，有的细菌能耐受极端温度和压力，还有的细菌被封存在盐类晶体内存活了数亿年。[14]

单个细菌的细胞很小，但是它们很爱聚集，这一点为人所熟知。不同种类的细菌可以聚集在一起交换化学物质。一种细菌的废弃物可能是另一种细菌的养料。正如我们看到的，地球上首个肉眼可见的生命迹象——叠层石——就是由多种细菌的群落共同组成的。细菌甚至可以互相交换基因。今天的细菌往往是通过这种方式获得抗生素耐药性的：即使细菌自身没有耐受某种抗生素的基因，它也可以很容易地从环境中的其他细菌处获得。

正是不同种类的细菌倾向于共同形成群落的偏好开启了演化的更高层次：有核细胞出现了。有核细胞是细菌群居生活的升级版。

约20亿年前的某一时刻，不同的细菌种群学会了在同一个膜内共同生活。[15]这一进程开始于一个叫作古菌的细胞，[16]为了从周围其他一些细胞中获取营养，它伸出卷须拉住了邻居，以便于基因和营养物质的交换。细菌群落的成员本来可以来去自由，但是它们逐渐变得越来越互相依赖了。

每个成员各自专精于一个特定方面的生命活动。

蓝细菌专注于收集阳光的能量，成为叶绿体——可以在植物细胞内找到的亮绿色小颗粒。其他一些细菌专注于从食物中释放能量，成为名为线粒体的粉红色小型燃料电池。线粒体遍布于几乎所有的有核细胞，动物和植物细胞都含有线粒体。[17] 不论这些细胞的专业分工是什么，它们总是把遗传物质汇集于一个位于中心的古菌。这个古菌后来成为细胞核——细胞的图书馆和遗传信息资料库，其中储存的信息可以遗传给后代。[18] 这种劳动分工大大提高了群体生活的效率，也让生命活动的流程更加清晰。曾经松散的群落变成了紧密联系的整体。这是一种新的生命形式，称为有核细胞或真核细胞。由真核细胞组成的生命体称为真核生物，[19] 包括单细胞生物和多细胞生物。

细胞核的演化也使生命的生殖方式变得更加有序。一般来说细菌进行的是分裂生殖，即一个细胞分裂为两个完全相同的细胞，两者都是亲代的复制品。它们对外源基因的吸收利用是零星而随机进行的。

真核生物则不同。亲代细胞会各自产生特化的生殖细胞，用来进行一场精心安排的遗传物质交换。两个生殖细胞融合，让来自两个亲代细胞的遗传基因混合在一起，产生一个全新的，不同于亲代任何一方的个体。这种精巧的遗传物质交换过程叫作"性"。[20] 性导致了遗传变异的加快和物种多样性的提高。结果就是，涌现出了大批的各种各样的真核生物，而且随着时间的推移，又出现了真核细胞聚集在一起而形成的多细胞生物。[21]

真核生物的出现波澜不惊，时间是在距今 18.5 亿到 8.5 亿年之间。[22] 大约 12 亿年前它们开始辐射演化，产生了许多我们熟悉的生命形态，例如藻类和真菌的早期单细胞亲缘类群，以及原生生物（protists）——过去它们被称为原生动物（protozoa）。[23] 有史以来第一次，一些生物离开了海洋，定居在陆地上的淡水池塘和溪流里。[24] 一向了无生机的海岸线第一次长起了藻类、真菌和地衣。[25]

有些生命甚至尝试着组成多细胞生物，比如 12 亿年前出现的"红藻"（*Bangiomorpha*），[26] 还有 9 亿年前出现的一种名为"*Ourasphaira*"的真菌。[27]

还有一些更奇怪的生命形式。已知最早的多细胞生命迹象出现在 21 亿年前，有些个体直径达到 12 厘米，已经不能算微生物了。但是在我们看来，它们的形态如此奇异，以至于很难确定它们与藻类、真菌或其他生物到底是什么关系。[28] 它们有可能是某种细菌群落，但也不能排除这样的可能性：曾存在过一些可能属于细菌或真核生物，甚至是某种未知生命形态的生物门类。但是这些门类整体消亡了，没有留下任何后代，所以我们很难理解它们的本质。

演化的风暴即将来临，第一声惊雷是罗迪尼亚（Rodinia）超大陆的分裂解体。当时地球上的绝大多数陆地都属于罗迪尼亚超大陆。[29] 它的解体导致了持续了 8 000 万年的一系列冰期，冰层又一次覆盖了整个地球。自大氧化事件以来，还从未有过这样的冰期。但是生命又一次经受住了挑战，而且还取得了突破。

即将进入生命花名册的有海草、藻类、真菌、地衣等和平主义者。

也有些身体强健，移动方便，四处惹麻烦的家伙。

如果说地球生命在火中诞生，那它们就是在冰里淬炼的。

时间线 2　地球生命

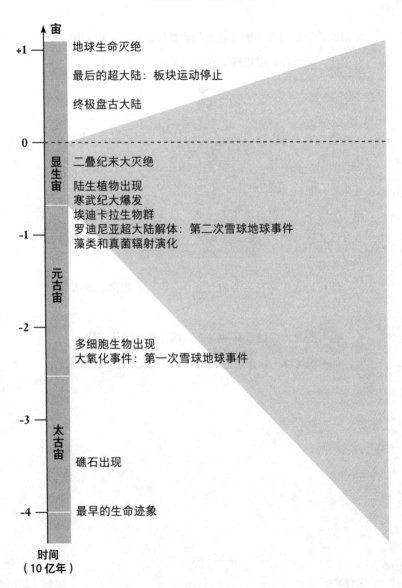

2

动 物 的 集 结

罗迪尼亚超大陆大约在 8.25 亿年前开始解体。整个过程持续了近 1 亿年，最终在赤道附近形成了环状排列的一系列新大陆。解体过程伴随着剧烈的火山喷发，导致大量的火山岩被带到地表，其主要成分是一种叫作玄武岩（basalt）的火成岩。玄武岩很快被雨水和风暴侵蚀风化，而且由于新形成的陆地大多位于热带，高温高湿的环境进一步加速了风化进程。

风化作用产生的玄武岩碎片连带着大量的含碳沉积物沉入了深海，那里的环境与氧气隔绝。如果碳被氧化形成二氧化碳，那么地球气候将因为温室效应而变暖。但大量碳元素被掩埋，导致温室效应降低，地球气候变冷。这种碳、氧和二氧化碳的此消彼长决定了此后地球历史和生物演化史的节律。

破碎的罗迪尼亚超大陆被风化的结果是出现了一系列的全球性冰期。它们开始于 7.15 亿年前，持续了约 8 000 万年之久。

就像在此 10 多亿年之前的大氧化事件一样，这些冰期也为演化注入了新动力。它们为一类全新的、更加活跃的真核生物——动物——设置好了演化的舞台。[1]

大量的碳被带入海洋中。除了接近海底的薄薄一层碳元素外，其余被掩埋的碳几乎无法接触到氧气。即便如此，当时大气中氧气的浓度也还不到现在的十分之一，阳光照射下的海洋表面的氧气浓度则更低。低浓度的氧气只能支持像纸上一个小数点那么大的动物，而不能供更大的动物呼吸。

然而，有些动物却能够依靠仅有的氧气维生。它们就是海绵。海绵最早出现于约 8 亿年前[2]罗迪尼亚超大陆开始解体的时候。

从古至今，海绵一直都是非常简单的动物。它们的幼虫很小，而且可以移动，但成年海绵基本上一生都固着在一个地方。成年海绵的结构很简单，它是由细胞组成的无定型团块，内含数以千计的小孔、通道和空隙。通道壁上的细胞会伸出纤毛，搅动水流使海水通过，而其他细胞则食用水流中的碎屑。海绵没有分化的器官和组织。如果把一块活海绵分解成许多小的团块，再放回水里，它们会自动聚集形成新的活海绵，除了形状有所不同，其生命机能仍和原先一致。这种简单的生命形式对能量和氧气的需求很低。

但是，我们没有理由轻视这些简单的生命。自最早的海绵诞生之后，它们便改变了世界。

海绵生活在覆盖海床的淤泥中，从海水中滤食有机物颗粒。一块海绵一天内滤过的水是很少的，但数以十亿计的海绵经历数千万年却能对环境产生巨大的影响。它们缓慢而持续的工作导致碳元素在海底进一步沉积，这部分碳是无法与氧气发生反应的。同时它们也吃掉了海水中的碎屑，而这些碎屑本应被好氧细菌分解掉。这样，海绵便造成了海水溶解氧以及大气氧含量的缓慢增加。[3]

远离海绵栖息地的浅海阳光明媚。在那里水母和类似蠕虫的小型动物取食浮游生物中较小的真核生物和细菌。[4] 浅海的氧含量本来就比较丰富，而浮游生物一旦死亡，其富含碳的身体就会迅速沉入海底，而不会浮在水中。这样，更多的碳元素就被带离了氧分子的接触范围，从而促进海洋和大气中的氧进一步积累。

虽然有些浮游生物大到肉眼可见，但它们中的大多数个体都很小，以至于营养物质和代谢物可以简单地在它们体内扩散进出。而那些体形稍大的浮游生物则演化出了一个特殊的部位，通过它营养物质可以进入，代谢物也可以排出。这个部位被称为口，尽管它也同时具有肛门的功能。

一些蠕虫在其他方面平平无奇，但它们演化出了专用的肛门，这是生物圈的一场革命。有史以来第一次，排泄物被浓缩成固体颗粒，而不是以溶液形式排出。固体排泄物会很快地沉到海底，而不是在海水中慢慢扩散。这引起了一场好氧型分解者向海底进军的竞赛，它们越来越密集出现在海底附近而不是分布在整个水体中。一向浑浊的海水也变得更清澈，氧含量进一步提高。这为演化出体形更大的生物提供了条件。[5]

肛门的发育还导致了另一个结果。一端有口，另一端有肛门的动物很显然有特定的运动方向——"头"在前，"尾"在后。起初，这些动物依靠从海床上堆积了20多亿年的厚厚的淤泥里取食碎屑为生。

然后它们开始在淤泥里挖洞，再然后它们吃掉了淤泥本身。叠层石独霸的时代至此结束。

而这些动物吃完所有的淤泥后，便开始互相蚕食。

还有一个全球性冰期的小问题需要解决。但环境越是不利，演化就越能推陈出新。海藻的繁盛为早期动物提供了比细菌更有营养的食物。[6]

很有可能动物也被"雪球地球"冰期的严峻形势推向

了复杂化的演化方向。正如格言所说，"杀不死你的东西只会让你更强大"，动物生命在演化的黎明时期具有很强的适应力，能够在史上最艰难的逆境中生存下来。而一旦冰川消退——地球历史上所有的冰期最终总是会消退的——动物已经在逆境中变得更强健，更凶残，无惧地球上的任何挑战。

在大约 6.35 亿年前的埃迪卡拉纪（Ediacaran period），动物生命迎来了爆发时刻，这是复杂动物的第一次爆发。其间出现了美丽的叶状形态生物，它们往往让分类学家大为头疼。[7] 其中有些属于动物，其他的可能是地衣、真菌，或者成分不确定的生物群落——也不排除是无法与已知生物相比较的、完全陌生的生物类群。

其中一种叫作狄更逊水母（Dickinsonia）的生物拥有惊人的美丽外形，它身体宽阔，像煎饼一样平，身体有分节。我们很容易想象它们就像今天的扁形动物和海蛞蝓一样在海底沉积物上优雅地行进的样子。[8] 在化石记录中，人们还发现了一种叫作金伯拉虫（Kimberella）的古老生物，它可能是软体动物的远古近亲。[9] 还有更难归类的叶状形态类生命，它们的外形像是麻花状的面包，可能一生都固着在同一个地方。它们的生殖方式是像草莓植株一样在母体周围长出新芽。[10] 这些美丽而奇异的陌生生物所生活的世界是温和且宁静的。它们在浅海和海藻一道点缀着海岸线。[11]

　　早期的埃迪卡拉纪的生物大多是这种柔软的、叶状的生物。那些我们看起来更熟悉的、能自主移动的动物则出现得稍晚一些——大约是在 5.6 亿年前。与它们同时出现的是大量的遗迹化石。遗迹化石显示的不是生物本身的形态，而是其足迹和洞穴等活动迹象。遗迹化石和刚刚离开犯罪现场的罪犯的足迹一样有趣。我们可以通过足迹判断罪犯的体型，甚至他们的犯罪意图，但无法得到更详细的信息，例如他们穿的什么衣服，或者携带的什么武器。要做到这一点，你必须当场抓住罪犯才行，只有在极其罕见的情况下，我们才能在遗迹化石的研究当中做到这一步。有一种埃迪卡拉纪末期的穗状夷陵虫（*Yilingia spiciformis*）化石样本，研究人员在遗迹化石的末端偶尔可以发现动物本身的化石。穗状夷陵虫看起来很像今天渔夫用作鱼饵的身体分节的蠕虫。[12]

　　这些遗迹的重要性是不可估量的。它们反映了生物演化过程中动物开始自主移动的重要节点。在那之前，动物通常在一个固定地方扎根生活，至少在它们生命周期的部分阶段是固着生活的。而足迹和遗迹几乎总是来自习惯于用肌肉进行定向运动的动物。如果食物的来源无处不在，那就没有必要前往特定的地方去觅食。然而，如果动物只朝一个方向运动，而且口也长在身体的一端，那它通常是在寻找什么东西，而那个东西就是食物。在埃迪卡拉纪中期的某个时候，动物们开始主动地捕食其他动物。一旦这种情况出现，它们就要开始寻找避免被吃掉的方法。

在泥中挖洞的动物需要有一个紧实的、坚韧的身体，以便能穿透沉积物。有很多方法可以实现这个目的。有些穴居动物的身体像猎犬一样由内骨骼支撑，有的则像螃蟹一样由外骨骼支撑。外骨骼刚形成的时候往往软而有弹性（如虾的外骨骼），之后会经过矿化而变得坚硬（如龙虾的外骨骼）。另一种方式是让身体分节。每一个体节都是相似的，内部充满液体，体节之间用"隔板"隔开。如果体节被包裹在硬实的外部肌肉管中，动物就可以对土壤施加压力并钻进去。蚯蚓就是这样运动的。

蚯蚓的海生亲戚也用类似的方式运动，但同时它们往往在每一节身体上都长着柔软的肢状凸起，以协助它们挖洞、划水或在海底爬行。一些最早的动物遗迹化石，比如穗状夷陵虫遗迹化石，可能就是这样的蠕虫留下的。

分节蠕虫的身体构造比水母甚至简单的扁形动物都更为精密。其中关键的区别在于，它们的身体有内部和外部之分。

　　水母和简单的扁形动物基本上没有内部可言，它们的内脏位于表面凹陷形成的腔体里，腔体由一个既是口也是肛门的通道直接与外部连通。更复杂的动物则有直通型的消化道，一端是口，而另一端是肛门。它们也可能有将消化道与表层分开的内部腔体。正是在这个腔体里，内脏器官得以发育。

　　一般来说，像水母这样的低等动物没有这样的内部空间供器官使用。内部空间的存在意味着内脏的生长和外层的生长相互独立，因而内脏可以长得更大、更复杂，动物整体也可以长得更大。对于专以其他动物为食的动物来说，较大的内脏和体形对生存颇为有利。

　　如果你的生存方式是捕食其他动物，那么你就需要牙齿。如果你想避免被吃掉，那么你就需要护甲。在伊甸园般的埃迪卡拉纪，动物基本上都是软软黏黏的，没有防御能力。而由于地球上的另一场巨变，动物被残酷无情地放逐出了伊甸园。

在埃迪卡拉纪末期，风化作用再一次加强。在风化作用的强烈冲击下，大部分的陆地表面遭到侵蚀。地壳被侵蚀减薄到只剩基岩，大量的岩石被冲刷到海里。这造成了两个影响。第一个影响是，海平面显著上升，淹没了原本的海岸线，为海洋生物提供了更多的空间。第二个影响是，海洋中的钙等化学元素突然大为丰富，而钙是贝壳和骨骼的关键成分。[13]

矿化骨骼大约有 5.5 亿年的历史，最早见于一种叫作克劳德管虫（*Cloudina*）的动物。它们看起来就像许多非常小的冰激凌筒杯叠放在一起。[14]克劳德管虫的化石在世界各地都有发现。虽然年代久远，但有证据表明其中一些化石被某种舌头锋利的不明捕食者钻了孔。[15]稍晚些时候，大约在 5.41 亿年前，化石记录中广泛出现了一种被称为锯齿迹（*Treptichnus*）的遗迹化石。它是一类特殊的海底洞穴，我们并不知道是由什么动物钻成的。它标志着寒武纪（Cambrian），也是动物演化史上第二次大繁荣的开始。在寒武纪时期，动物学会了挖洞、游泳、打斗和捕食其他动物。它们身上出现了用钙化合物增强的坚硬骨骼，同时也拥有了牙齿。

寒武纪最为人熟知的动物可能是三叶虫。它们属于节肢

动物 [16]，也就是附肢上有关节的动物。三叶虫看起来很像鼠妇或木虱，常见于从寒武纪初期到泥盆纪的海洋。它们从泥盆纪开始慢慢衰落，最终灭绝于大约 2.52 亿年前的二叠纪末期。

三叶虫化石比较常见，每个化石爱好者至少会收藏一个。但我们不能因为它们熟悉又常见而小瞧了它们。三叶虫非常精致漂亮，复杂性不亚于今天的任何动物。它们的外骨骼可以随着生长而蜕皮，这和小到蠓虫大到龙虾的现代节肢动物是一样的。最为非同寻常的是它们的眼睛。和蜻蜓一样，三叶虫的每只眼睛都由几十个甚至几百个晶体拼合而成。在化石中它们往往以碳酸钙晶体的形式保存得很好。当然三叶虫具有很高的多样性，它们有些眼睛巨大，也有些是无眼盲虫。三叶虫的习性也是多种多样，有的专门在海底爬来爬去，有的则更善于游泳。

但寒武纪的生物远远不止三叶虫。

大约 5.08 亿年前的一天，在相当于现在不列颠哥伦比亚省的地方，一场泥石流卷起了部分海床，连带着将其周边的一切生物深深埋进了地下。海底动物被迅速又完整地埋葬在几乎无氧的环境中，形成了完整的动物化石。就连软组织的

细部也完好地保存了下来。在大约 5 亿年的漫长时间里，岩石被挤压形成了页岩，在最近的大约 5 000 万年里被逐渐抬升到海平面以上，形成了北美最高的山峰之一。最终在 1909年，人类发现了它并命名为伯吉斯页岩。伯吉斯页岩中埋藏的生物化石十分罕见，是寒武纪古老海底生物样貌的一次集中展示。

这个生物群落实在令人印象深刻。其中发现了多刺而有关节的肢体、能咬合的螯，还有羽毛状的触角，它们属于某种看起来与今天的甲壳类、蜘蛛有一点亲缘关系的动物。这些动物有的外形相当奇怪，即使放在今天丰富多样的节肢动物的行列中也是如此。比如欧巴宾海蝎（Opabinia）长着五只柄状眼睛，软管状吻部末端有一个爪状的颚。

还有一种名为奇虾（Anomalocaris）的掠食者。它身长 1米，在深海中游弋寻找猎物，然后用锋利的钳子抓住猎物并塞进它那圆形的、能够磨碎硬物的嘴里。[17]

最为奇怪的是怪诞虫（Hallucigenia），它是一种在海底爬行的蠕虫状生物，背部有两排又长又笨重的刺保护着它不受来自上方的攻击。

节肢动物在海底爬行或在海中游动，海底软泥则是各种蠕虫的地盘。

在伯吉斯页岩中发现的许多生物与今天的动物只是远亲

关系。[18] 然而，即使这样古老而怪异，我们仍能分辨出每种化石属于哪一个主要生物类群。怪诞虫以及一种看起来像现代"天鹅绒虫"的化石——天鹅绒虫生活在热带雨林地表落叶层中，看起来像蚯蚓，但长着像米其林轮胎先生那种短粗的腿——可以归类为最广义上的节肢动物。此外还有好几类动物与今天在沉积物中挖洞的蠕虫有亲缘关系。

软体动物的情况与节肢动物的类似。节肢动物往往有尖锐的外骨骼，而软体动物的身体是软的（不考虑壳的话）。威瓦西亚虫（*Wiwaxia*）的身体像是分节蠕虫，却长着软体动物的角质齿舌——现在的蛞蝓正是用这种齿舌把菜叶吃得千疮百孔。[19] 另一种拥有齿舌的动物看起来就像充气床垫和咖啡研磨机的杂交产物，名为齿谜虫（*Odontogriphus*）。它与最早的软体动物的亲缘关系也很近。[20]

除此之外还发现了内克虾（*Nectocaris*），一种非常原始的、无壳的鱿鱼状生物。它是头足类软体动物的最早成员。[21] 现代的头足类包括最聪明也最奇怪的无脊椎动物——章鱼，以及最大的无脊椎动物——大王酸浆鱿（或称巨枪乌贼）。今天，头足类动物取得了辉煌成功，而它们的化石历史也毫不逊色。在内克虾之后不久出现了鹦鹉螺类，它们喇叭状的外壳有几米长；后来在恐龙时代出现了菊石类，它们有些能长到卡车轮胎那么大，可以优雅地在海洋中巡游。

在伯吉斯页岩之后，人们也陆续发现了大约属于同一地质年代的类似生物群。它们遍布全球，从澳大利亚南部到格陵兰岛北部都有，其中包括中国南部的澄江动物群。值得称道的是，所有化石都保存得非常完好，甚至连最精细的细节也保留了下来，例如来自中国的虾形化石抚仙湖虫（*Fuxianhuia*）。它保留的细节如此之多，以至于我们有可能还原出它大脑中的神经网络。[22]

保存得这么好的化石是极其罕见的。化石形成过程中的地质作用和生物化学作用必须恰到好处，才能产生这种完美的结果。化石本身就比较稀有，在发现的动物化石中又几乎全是含有矿物质的坚硬部分——贝壳、骨骼和牙齿，而神经、鳃或内脏则很少见。与伯吉斯页岩年代相近的化石已经被研究很长时间了，但研究人员只能找到一些坚硬的壳状物化石，这是埃迪卡拉纪末期大量矿物突然进入海洋后，动物给自己制造了盔甲的结果。

寒武纪的5 600万年是生命大发展大繁荣的时期，自生命起源以来从未有过这样的时期。必须指出的是，寒武纪之后也没有哪个时期能与之相比。虽然5 600万年也是漫长的，但它还没有恐龙灭绝距今的大约6 600万年长，而且寒武纪以来的 4.85 亿年里,生命只不过是在已经定好的基调上继续发展而已。

生命演化史上的这次剧变被称为寒武纪的"生命大爆发"。这个称呼并不是没有道理的。然而,与其说是突然的爆发,不如说是缓慢而持续的前行。这个过程开始于罗迪尼亚超大陆的解体,以及奇异美丽的埃迪卡拉动物群的兴起与衰亡,一直持续到距今大约 4.8 亿年的时候。[23]

到寒武纪末期,所有现存的主要动物类群都已在化石记录中登场。[24] 不仅有节肢动物和各种蠕虫,还有棘皮动物(皮肤多刺的动物,如海胆)和脊椎动物(有脊椎的动物,包括我们人类)。最早的脊椎动物化石之一是在伯吉斯页岩发现的巨型斯普里格虫或称后斯普里格鱼(*Metaspriggina*)。它长得很像鱼,但没有外部的方解石盔甲,而是有一个位于身体内部的、有弹性的脊柱,强壮的肌肉附着在脊柱上。这种结构有利于游泳——它的确游得很快,以避免遭到奇虾之类巨型节肢动物噩梦般的追逐。

后斯普里格鱼在最早留下化石记录的鱼类中位于前列。它的故事我们将在下一章讲述。

时间线 3 复杂生物

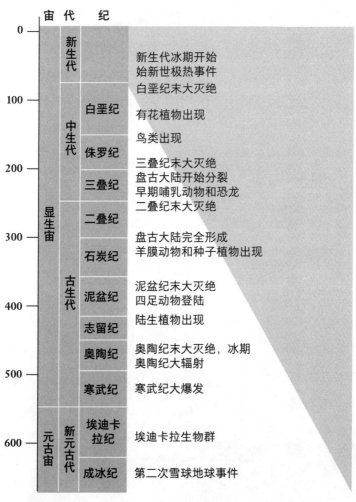

宙	代	纪	
	新生代		新生代冰期开始 始新世极热事件
			白垩纪末大灭绝
	中生代	白垩纪	有花植物出现
			鸟类出现
		侏罗纪	三叠纪末大灭绝
		三叠纪	盘古大陆开始分裂 早期哺乳动物和恐龙
显生宙			二叠纪末大灭绝
	古生代	二叠纪	
		石炭纪	盘古大陆完全形成 羊膜动物和种子植物出现
		泥盆纪	泥盆纪末大灭绝 四足动物登陆
		志留纪	陆生植物出现
		奥陶纪	奥陶纪末大灭绝，冰期 奥陶纪大辐射
		寒武纪	寒武纪大爆发
元古宙	新元古代	埃迪卡拉纪	埃迪卡拉生物群
		成冰纪	第二次雪球地球事件

0 —
100 —
200 —
300 —
400 —
500 —
600 —

时间
（百万年前）

3

脊椎的起源

寒武纪早期，温暖的浅海中充满了长有尖利钳子的节肢动物，而在海底含有矿物颗粒的泥沙中各种生物也十分活跃。其中有一种叫作皱囊虫（*Saccorhytus*）的不起眼的小型生物。它只有针孔那么大，过着滤食性生活。[1]滤食性生活并非新鲜事——海绵已经用这种方式生存 3 亿年了。而蛤蜊等其他一些生物后来也陆续加入了滤食性动物的行列。在沉积物中收集食物是一种简单有效的生存方式，特别是对于那些代谢需求不高的小型动物而言。皱囊虫正是这样的动物。

皱囊虫的形状像一个微缩的土豆，身体的一端是很大的圆形的口。它像海绵一样，舞动着纤毛让水流从口中通过。身体两侧排列着一系列的孔洞，像船体两侧的舷窗。水可以通过这些孔洞排出体外。体内有黏液网，可以从水流中捕获可食用碎屑。这种口和孔洞组成的结构叫作咽，占据了大部分的体腔。黏液在咽部被卷成柱状送入内脏。整个内脏系统挤在体腔后部的一小块空间里。肛门也在体内，粪便从体侧的孔洞排出。精子和卵子也是从这些孔洞排出体外的，至于排出以后怎么样，就全凭它们的运气了。

皱囊虫是弱小的动物，它自身和周围的矿物质泥沙颗粒差不多大，容易受到环境影响。毫无疑问，无数皱囊虫曾被海绵或蛤蜊等较大的滤食性动物无差别地吞食，而更大的掠食动物则根本注意不到渺小的它们。但是皱囊虫有些后代演化出了更大的体形，有的拥有更强的运动能力，有的具备"装甲"，有的习性凶猛——还有的同时拥有这四项特点。

　　体形变大意味着不太可能被整个吞掉，但是却更有可能被撕碎吃掉。为了避免这种命运，一些动物演化出了"装甲"。很多动物早已学会了从富含矿物质的海水里提取碳酸钙来加固外壳。碳酸盐是最常见的矿物质之一，是方解石、白垩、石灰石和大理石的组成成分。寒武纪的海洋富含碳酸钙，经过生物的加工，可以形成叫作珍珠母的物质：蛤和甲壳类动物的壳，海绵的微型骨针以及形形色色的珊瑚礁骨架都是这种物质形成的。

　　而一些皱囊虫的后代演化出了一套独特的"锁子甲"，每一个甲片都由方解石单晶构成。它们是棘皮动物——字面意义上就是皮肤上长刺的动物，现代棘皮动物包括海星和海胆，它们在动物当中十分独特，其身体构造总是基于数字"5"。但是在寒武纪，棘皮动物的构造更加多样，有些是

　　　　　　　　　　　　　　　　地球生命小史

两侧对称的，有些是三辐射的（基于数字"3"的对称），还有些是完全不对称的。这些结构都起源于皱囊虫的口与孔洞组成的咽。但是随着时间的推移，它们的摄食方式发生了变化。现代棘皮动物已经不再和皱囊虫一样过滤食性生活。

为了抵抗捕食者，棘皮动物选择了用"装甲"防御的策略。当然，还有一种可行的策略是逃跑——尽可能逃离攻击者，越快越好。皱囊虫的另一支后代采取的就是这种策略。它们有些在咽的后面长出了可以摇动的尾巴，从而变得更善于游泳逃生。

消化道的分支演变成一条既有韧性也有弹性的长杆，这就是脊索的起源。我们可以把脊索想象成派对上可以被表演者扭成各种形状的长条气球。外力可以使脊索弯曲，卸下外力以后它又会回弹。这种性质使它很适合作为身体两侧一系列肌肉群的锚定点。这些肌肉群会交替收缩和放松，导致身体动态地扭曲成 S 形，在水中产生推进力。沿着脊索上表面有一条神经——脊髓。一组神经元以固定间隔从脊髓分叉出来，控制肌肉群进行协调运动。

寒武纪的古虫动物大体就是这个样子。[2]古虫动物只有几厘米长，咽部与皱囊虫的类似，后面拖着一条分节的尾。

它们偶尔会在开阔的水域中游泳，[3] 但是大部分时间都埋在沙子里，只露出口来吸取沉积物。但是如果遇到危险，它们会摇动尾部迅速逃离，找一个新地方，用尾挖出一个避难所并在里面定居。云南虫是古虫动物的近亲，其咽部和尾部有融合在一起的趋势。其尾部不仅向后生长，也在咽部的上方向前延伸，最终把咽部包裹起来，形成和鱼更加类似的形态。[4] 皮卡虫（*Pikaia*）也属于古虫动物，它是在伯吉斯页岩中发现的一种奇怪生物。[5] 来自中国澄江生物群的华夏鳗（*Cathaymyrus*）也是如此。[6]

乍一看，华夏鳗像是一块凤尾鱼排。虽然它的脊索和肌肉块清晰可见——包括包围咽部的肌肉——但是和真正的鱼还是差得很远。身体前端一个小色素点权当它的眼睛，没有头，没有鳞，没有耳，没有鼻，没有脑，总之几乎什么都没有。它倒适合去找奥兹国的魔法师，只不过桃乐茜叫它一起走黄砖路的时候它没有去。[*] 无论如何，虽然华夏鳗和类似的一些物种可能看起来不太起眼，但它们还是把尾埋进沙子，

---

[*] 在童话《绿野仙踪》里，桃乐茜的小伙伴稻草人没有大脑，铁皮人没有心脏，他们一起沿着黄色砖块铺成的道路去翡翠城找奥兹国的魔法师帮忙，想获得这些器官。——译者注

靠历史悠久的滤食碎屑方式在与世无争的角落生存了 5 亿年
之久。只有在受到威胁的时候，它们才勇敢地游到下一个避
难所去。华夏鳗有一些亲缘物种一直延续至今，它们被称为
文昌鱼。

　　华夏鳗把咽部和尾部合二为一，形成流线型的躯体。然
而它的一些近亲采取了完全不同的生存方式。这些是被囊动
物（又称尾索动物），它们不是让咽部和尾部融合，而是让二
者在生命的不同阶段各自发挥作用。[7] 被囊动物的幼体几乎
只有尾部，加上简单的脑、眼点和重力感受器官。其感官相
当原始，但自有它的用处：可以分辨明与暗、上与下。幼体
只有一个初级的咽部，而且不能进食。这样的身体构造完全
符合幼体的存在目的：找到一个幽暗深邃的地方定居下来长
成成体。一旦找到合适的地方，被囊动物就一头扎下去在那
里固定住，尾部被吸收，躯体长大成为一个巨大的咽部。固
定不动的动物很容易被吃，所以它们演化出了自己的盔甲：
纤维素材料的"外衣"（被囊动物的英文"tunicate"的词根
是 tunic"外衣"）。纤维素是一种完全无法被消化的材料，
除了被囊动物以外，只有植物能合成它。此外这件"外衣"
还含有海水里的其他一些稀有元素，如镍和钒，有时候被囊

动物也会用矿物质加固它。比如海鞘类（*Pyura*）从外表看完全就像一块石头，打碎外壳才能看到它的躯体。从寒武纪开始，被囊动物就一直是以这种方式生存的。[8]

被囊动物一直沿用皱囊虫开创的过滤系统维生，[9]然而与它们亲缘关系最近的脊椎动物走了一条完全不同的路线。它们把脊索和尾部发展为专用的推进器。对于类似华夏鳗的动物，内有脊索的尾部只能用于短暂的冲刺逃生。而被囊动物只有幼体拥有完整的尾部，专门用来寻找合适的栖息地，一旦找到就再也不移动。这样的动物只需要很少的环境信息就足够了，毕竟生命中的唯一一次旅行是那么短暂。

然而，脊椎动物的生命周期没有任何可提的部分是静止不动的。[10]由于一直要运动，它们需要一套更全面的感官。脊椎动物演化出了成对的大眼睛、灵敏的嗅觉，还有一套精密的水流探测系统。[11]脊椎动物对环境和自身位置有很强的感知能力，这是同为皱囊虫后裔的被囊动物、文昌鱼、古虫动物、棘皮动物之类远远比不上的。精密的感官系统需要复杂的、中心化的脑。脊椎动物脑的复杂性不亚于甚至超过了同样具有很高运动能力的其他动物，如甲壳类、昆虫以及"运动老行家"章鱼。这些动物的大脑是各自沿着完全不同

地球生命小史

的路线构建的。

星星点点的阳光照射在海面上。就像闪烁耀眼的光斑一样，在寒武纪昏暗的海底，涌现出了后斯普里格鱼、[12] 昆明鱼（*Myllokunmingia*）和海口鱼（*Haikouichthys*）等鱼类。[13] 它们的化石记录证明，在寒武纪中期已经出现了脊椎动物，其分布也已经十分广泛。这些最早的鱼类有口但没有颌，它们的咽部也不是用来滤食的。脊椎动物比它们被囊动物之类的亲属活跃得多，因此需要更多的氧气。皱囊虫身体两侧古已有之的孔洞演化成了鳃孔（鳃裂）。脊椎动物用肌肉给进入口中的水流加压，使之流过血管丰富的羽毛状的鳃，以便从水中吸收氧气，并排出二氧化碳。为此脊椎动物改造了咽的结构，用肌肉群取代了平缓舞动的纤毛。它们因而有了呼吸和主动捕猎的能力。[14]

比起其他动物，脊椎动物需要更多的能量，部分原因在于它们的躯体一般都比较大。史上最大的动物，如鲸和恐龙都属于脊椎动物。此外，我们还可以想到鲸鲨和姥鲨等大型鱼类，蟒蛇和其他的大蟒以及科莫多巨蜥等大型爬行动物，大象和犀牛等大型哺乳动物。很少有无脊椎动物能在大小上与它们相比。我们人类自身在动物当中也算是相当大的。[15] 的确，有些脊椎动物可能非常小，体重只有几克，但所有的脊椎动物都能用肉眼看到。然而许多无脊椎动物只能在放大镜或显微镜下才能看到。[16]

　　昆虫是数量最多的无脊椎动物，它们用一层被称为甲壳质的柔性蛋白质形成的外骨骼支撑自己。它们需要生长的时候，就会脱落掉整个外骨骼，待身体长大，再形成一个新的柔软的外骨骼，然后等它硬化后才能恢复运动能力。这是昆虫体形比较小的原因之一。如果躯体大到一定程度，刚刚脱落外骨骼的昆虫就无法支撑自身的体重。甲壳类动物是昆虫的近亲，它们也会蜕皮，但是由于主要生活在水中，水的浮力支撑了它们的身体。这意味着甲壳类可以长得比非甲壳类昆虫大一些，比如蟹或龙虾就比任何昆虫都要大。然而，与许多脊椎动物相比，最大的龙虾也是个小家伙。

　　现存的最原始的脊椎动物是没有外壳的七鳃鳗类和盲鳗类。从演化出来的那天到现在，它们可能不曾经历过什么变化。和后斯普里格鱼等最早的鱼类一样，它们也没有颌和成对的鳍。但是也有一些脊椎动物演化出了厚重的甲壳。盔甲鱼类出现在寒武纪后期，虽然还是没有颌，身体内部仍由脊索支撑，但它们体表覆盖着甲胄。[17]通常是由一组硬质板甲围绕着头部和咽部，而头部后方是鳞状的较松散的甲，以便尾部运动。甲壳的化学成分不是方解石或碳酸钙，而是一种叫作羟基磷灰石的磷酸钙盐。脊椎动物的磷酸钙盐甲壳在整个动物界是独一无二的。[18]

　　早期鱼类的甲壳是由三种形态的羟基磷灰石叠加形成的。最底下是一层海绵状物质，中间层更加致密，上层则是一个最为致密坚硬的薄层。这三层羟基磷灰石分别被称为"骨质""齿质"和"釉质"，其中釉质是生命制造的最坚硬的物质。如今，骨质、齿质和釉质正是以相同的顺序构成了我们的牙齿。当脊椎动物刚刚演化出这种坚硬组织的时候，可以看成是它们在体表长满了牙。即使是在今天，鲨鱼的鳞片从本质上说仍然是一颗颗微小的牙，这就是鲨鱼皮那么粗糙，以至于人们曾经用它做砂纸的原因。

　　脊椎动物演化出甲壳的目的与其他寒武纪动物的体表覆盖硬质组织的原因是一样的，都是作为一种防御手段。[19] 与盔甲鱼类同时出现的还有掠食性的鹦鹉螺，以及一类叫作板足鲎（Eurypterida）的巨型海蝎子。[20] 最凶猛的板足鲎可能是生活在泥盆纪的耶克尔鲎（Jaekelopterus），它形象狰狞，具有突出的大眼睛和巨型的螯，体长可达 2.5 米左右。耶克尔鲎很可能以鱼类为食。[21]

　　在各种有盔甲的鱼类当中，最早出现的是鳍甲类。有的鳍甲鱼头盾向两侧延伸，充当水平舵，但它们没有灵活的成对的鳍。我们对鳍甲鱼的体表有厚甲壳的事实很清楚，但对其体内情况不太清楚，因为它们的头骨本质上是软骨，很容易腐烂，体内则也是由一条海绵状的弹性软骨质脊索作为支撑。然而某些盔甲鱼类的头部软骨是经过矿物化的，这意味着大脑及其相关血管和神经的形状可以被保存得非常完整。相关化石表明，这些无颌盔甲鱼类的构造与七鳃鳗类似——它们相当于有"装甲"的七鳃鳗。

从寒武纪晚期到泥盆纪末期，无颌盔甲鱼类在海洋里十分兴盛，出现了多种多样的形态。有的种类全身包裹着笨重的板甲，大部分时间在海底巡游或者在泥沙里取食碎屑。还有一些种类，比如外观独特的花鳞鱼类[22]的甲壳是类似鲨鱼皮的锁子甲，比一般的装甲更灵活，因此它们在开阔水域可以更快速地移动。

后斯普林格鱼等最早期鱼类的两只眼睛紧贴在一起，就像摩托车前照灯一样，没有为鼻或鼻孔留下空间。嗅觉由咽部细胞负责，这种结构是脊椎动物古老滤食性祖先的遗产。鳍甲鱼则不同，它的眼睛开始偏向头的两侧，以便为鼻孔让路。鼻孔是单个的，位于头顶。鳍甲鱼的大脑已经分裂成左右半球，因而脸部也变宽了。[23]

鳍甲鱼的单鼻孔（与七鳃鳗相同）通向一个单一的感觉器官——鼻囊，鼻囊连接着大脑的底部。然而，其他的一些无颌鱼另有演化方向。曙鱼（*Shuyu*）[24] 是无颌鱼类的一种，脑部化石显示它有两个通向口腔的鼻囊，而不是位于头顶的一个。这种结构进一步扩大了脸部。其他一些高等的无颌鱼类拥有一对胸鳍（位于头部后面），这些都是有颌脊椎动物的典型特点，与七鳃鳗或鳍甲鱼截然不同。这些变化为下一步颌的演化做好了准备。

颌的出现是演化过程中的一道分界线，越过这条分界线的盔甲鱼类成为全新的动物类群。[25] 今天，99% 以上的脊椎动物是有颌类，而无颌脊椎动物只剩下七鳃鳗类和盲鳗类留存着。

颌的出现源于第一对鳃弓——口和第一对鳃裂之间的软骨组织——在中间形成关节并向后弯折，这样就形成了上颌和下颌。而第一对鳃裂则被挤压成为上颌后方的一对小孔，我们称之为喷水孔。

盾皮鱼类是最早的有颌脊椎动物，一眼看去它和其他盔甲鱼类似乎没有什么不同，都拥有厚重的骨质头盾。但如果仔细观察可以发现，除了颌以外，盾皮鱼类还有一些专属于有颌脊椎动物的特征。例如除了胸鳍以外，它还长有一对腹鳍，位于肛门附近的身体左右两侧。[26] 盾皮鱼类最早出现于志留纪，一直繁荣到泥盆纪末期。

胴甲鱼类是一类更原始的盾皮鱼类，它们和鳍甲鱼一样有着厚的甲壳。相比之下，节甲鱼类属于更高等的盾皮鱼类，多数情况下配有较轻的甲壳。属于节甲鱼类的邓氏鱼（*Dunkleosteus*）可以长到 6 米长，它巨大的颌像剃刀般锋利，是泥盆纪海洋中的顶级掠食者。

请注意，我说的是，邓氏鱼有锋利的颌而不是锋利的齿，因为我们没有发现盾皮鱼类有通常意义上的牙齿。[27] 这种生物的口中的可怕锋刃是由骨骼形成的。

全颌鱼（*Entelognathus*）是最高等的盾皮鱼类之一。它是我们最先发现的盾皮鱼类之一，但年代却晚至 4.19 亿年前的志留纪。[28] 全颌鱼和节甲鱼类一样，拥有厚重的头甲和箱型的躯甲，但是体长只有 20 厘米，远比不上它们凶猛的近亲——邓氏鱼。

与包括邓氏鱼在内的所有其他盾皮鱼类相比，全颌鱼还有一个独特之处：它的颌的结构与现代的硬骨鱼类似，拥有

地球生命小史

独立的上颌骨和下颌骨。全颌鱼是第一种在我们看来能露出微笑的脊椎动物。

虽然盾皮鱼类没有在泥盆纪末大灭绝事件中幸存下来，但另外三个有颌脊椎动物类群都起源于盾皮鱼类。它们是软骨鱼类（包括鲨鱼、鳐鱼等）、硬骨鱼类（包括大多数现生鱼类，从鲟鱼、肺鱼到沙丁鱼、海马，以及包括人类在内的所有陆生脊椎动物）和另一个完全灭绝的被称为棘鱼或棘鲨的类群。

棘鱼类坚持到了二叠纪才灭绝。在大多数软骨鱼和硬骨鱼的发育过程中，脊索——支撑身体的坚韧而有弹性的柱状体——被分段的脊椎骨取代。软骨鱼类的脊椎自然是软骨，但是有时候它会部分地矿物化。硬骨鱼类的脊椎通常是骨质的。我们不清楚盾皮鱼类和棘鱼类体内是脊索还是脊椎。如果是脊椎的话，它也一定是软骨脊椎。[29]

棘鱼类体表覆盖着鳞片而不是甲壳，它们的每一只鳍都由前端的一根棘刺支撑，因此得名棘鱼。棘鱼类的体内骨骼全部是软骨，和鲨鱼骨骼相当类似。[30] 棘鱼类是软骨鱼类的早期分支，但是软骨鱼类一直生存到今天并依然繁盛着。

有一种鬼鱼（*Guiyu*）曾经和全颌鱼同时生活在志留纪的

海洋里。它是我们所熟知的最早的硬骨鱼。今天绝大多数脊椎动物属于硬骨鱼类。[31] 鬼鱼不是最早的硬骨鱼，但是比它更古老的化石都相当破碎而有争议。鬼鱼的特殊性不在于它是保存完好的硬骨鱼类，而在于它是肉鳍鱼类的最早成员之一。肉鳍鱼类是硬骨鱼类的一个特殊分支，是后来包括我们人类在内所有陆地脊椎动物的祖先。

4

登 陆 与 奔 跑

经过了寒武纪早期的生命大爆发和泥盆纪海洋的汹涌鱼潮，海洋中已经是生物云集。但是还鲜有生物敢于冒险走出海洋登上陆地。这种情况自有其原因。

　　首先，在很长一段时间里陆地面积很小。大陆的增长速度是很慢的。不同的构造板块相互碰撞，形成了火山群岛。来自地球深处的岩浆团偶尔冲出地壳，形成更多的火山岛。永不停歇的地质运动又把火山岛连在一起。最早的大陆便是这样形成的。

　　其次，陆地上的生活十分艰难。水是养育生命的摇篮。没有水的浮力，生物要克服自身的重力支撑起身体是很困难的。在烈日的炙烤下，它们的组织可能很快就会被晒干。如果没有表面的一层水膜，鳃就不能工作，动物也就不能呼吸。因此，即使有哪个勇者登上了陆地，它也会被压垮，被烤干，甚至窒息。在那些先行登陆的开拓者看来，陆地环境几乎和茫茫太空一样恶劣。

　　此外，那时陆地表面没有任何生命，只有贫瘠裸露的火山岩。并没有树来遮阴，因为树还没有演化出来。只有随风扬起的灰尘而没有土壤，因为土壤是根、真菌、穴居蠕虫等生命制造的。生物让土壤肥沃，而后植物才能在其中生长。总之那时水线以上的地球是一片没有生命存在的干燥荒漠，类似于月球表面。

但正如我们所看到的，生命在面临挑战时总是倾向于迎难而上。陆地是一个崭新的环境，相比于熙熙攘攘的海洋，这里没有任何竞争。对于能够找到办法征服陆地的生物来说，这里充满了开枝散叶的良机。最早的登陆者是藻类，它们在约 12 亿年前定居于内陆的池塘和溪流中。[1] 在这一时期，荒芜的海岸线上一些避光的角落里，可能已经有细菌、藻类和真菌的菌落存在。一些埃迪卡拉纪的叶状动物也可能在退潮时停留在水线以上生活。[2] 在寒武纪，一种未知生物在劳伦古大陆的海边[3]沙滩上爬行而过，留下的踪迹居然很像摩托车轮胎印。[4] 但是这些对陆地的挑战都是临时起意式的尝试，就好像那种寒武纪生物登陆表演了几下摩托车特技，然后就回归到大海的波涛中去了。尽管做出了尝试，但生命还未能在陆地上真正定居。

真正的登陆行动发生在约 4.7 亿年前的奥陶纪。[5] 大约在同一时期，海洋生物发生了革命性演化，许多寒武纪的奇异生物被更接近现代的新型生物所取代。[6] 在地表匍匐的小型

植物，如苔类植物和藓类植物，在陆地上形成了数以百万计的立足点。它们的孢子坚韧且耐干燥，因此这些植物可以在陆地上长期定居。不久之后，植物向天空发展，出现了最早的树——织丝植物。其中一种叫原杉藻（*Prototaxites*），主干直径超过 1 米，高度可达数米。与其说是一种树或树蕨，还不如说它更像一种巨大的地衣——地衣是藻类和真菌形成的共生体。

在生物圈之下，地质活动还在继续。这是一个火山活跃的时期，大量能和二氧化碳化合的岩石被喷发出来，导致大气中的二氧化碳含量下降。温室效应因而降低，造成了全球变冷。与此同时，位于南半球的巨大的冈瓦纳古陆移动到了南极。陆地上又一次形成了冰川。大量海水结成了冰，导致海平面下降，以及大多数动物栖息的大陆架面积缩减。这一次冰期开始于 4.6 亿年前，结束于 4.4 亿年前，前后持续了 2 000 万年。但它的破坏性不及埃迪卡拉纪的那次冰期，当然更赶不上大氧化事件的那一次。然而很多海洋动物还是在此次冰期里灭绝了。

生命对环境变化一如既往地做出了回应。冰期结束以后，耐寒的蕨类植物出现了，它们的孢子比苔类植物的孢子更耐干燥。苔类植物在竞争中落败，被赶到潮湿阴凉的地方，在那里苟活到了今天。由于植物的繁盛，曾经光秃秃的大地披上了鲜亮的绿色。

到大约 4.1 亿年前的志留纪晚期，陆地上出现了由织丝植物、藓类和蕨类组成的树林。植物的根逐渐磨碎地下的岩石，形成土壤。与土壤一同出现的是土壤真菌。一些真菌与植物根部共同形成了被称为菌根的互利共生体。真菌深入土壤，吸取植物生长所需的矿物质。作为回报，植物把光合作用产生的食物提供给真菌。根部形成菌根的植物比没有菌根的植物强大得多。今天几乎每一种植物的生长都依赖于根部周围土壤中的菌根。[7]

植物经历风吹雨打之后，会把鳞片、孢子等物散播到地面。它们堆积在地表，形成了狭小潮湿的空间，这种环境可以作为小型动物的栖息地。

最早登陆的动物是一些小型节肢动物——蜈蚣，盲蜘蛛等类似蜘蛛的动物，还有弹尾虫类。弹尾虫有一类近亲，就是不久之后将要出现的昆虫。昆虫是地球上最成功的陆生动物，不论是个体数量还是物种数量都是最多的。

在整个泥盆纪，森林不断生长和扩张。那时的森林和现代的森林有很大不同。[8]枝蕨类等早期的树更像是巨大的芦苇。它们不分枝的中空的茎能长到 10 米高，顶端是类似苍蝇拂子的刷状结构。[9]森林中后来又出现了类似今天的石松和木贼（*Equisetum*）的植物。今天在潮湿的地方能见到石松和木贼，现存的这类植物都很小，但是它们的祖先一度十分巨大。石松类的鳞木（*Lepidodendron*）有 50 米高，而木贼类也能长到 20 米。这些植物绝大多数是空心的，由厚重的外皮支撑。也有一些更类似现代的树，比如古蕨（*Archaeopteris*）具有木质树干——只不过它是通过孢子而不是种子进行繁殖的，这与现代的树有所不同。

在动物看来，这样丰富的植物可能是不容错过的食物来源。但是在相当长的时间里，动物的食谱上并不包括植物。植物有坚硬又难消化的木质组织，而且能产生酚类和树脂等令动物无法忍受的化学物质。植物组织只有在被细菌和真菌分解成碎屑后才能被动物食用消化。在很长一段时间里，与其说植物是一种食物来源，不如说它是动物活动的背景板。那时在堆积的落叶下面上演着小型食肉动物捕猎小型食腐动物的大戏。后来动物才逐渐发展出以植物为食的能力。一开始是某些昆虫食用植物的细嫩部分，如球果等生殖器官，后来一些较晚登陆的四足动物也成了植食者。

和所有的生命一样，动物最初是在海洋中演化出来的。早期动物的大部分后代如今仍然生活在海里，脊椎动物也不例外。即使是在今天，鱼类仍占脊椎动物的绝大多数。了解到这一点，我们也可以认为四足动物——那些迁居陆地的脊椎动物——只不过是一类相当奇怪的鱼，它们适应了水深为负数的环境。

　　四足动物的起源可以追溯到奥陶纪，当时生物多样性急剧增长，出现了第一批有颌鱼类。[10] 到了志留纪，更多有颌鱼类纷纷出现，其中包括我们在第 3 章中讲到的鬼鱼。这些早期鱼类同时具有两类现代鱼的特征。其中一类是属于硬骨鱼的辐鳍鱼类。这一类群包括石斑鱼、丝足鱼、鳟鱼、比目鱼等几乎一切现存的鱼，它们成对的鳍直接固定在体壁的骨上。在历史上辐鳍鱼类并非一直像今天一样占主导地位，在古代统治海洋的一度是它们的近亲肉鳍鱼类。顾名思义，肉鳍鱼类的鳍是长在体表突出的强壮肉肢上，肢的内部有额外的骨作为支撑。

　　肉鳍鱼类曾经是一个多样化的大型类群，包括有着松散的头骨和奇特的獠牙状牙齿的爪齿鱼类，还有巨大的肉食性的根齿鱼类。最大的根齿鱼是体长7米的希氏根齿鱼（*Rhizodus hibberti*）。肉鳍鱼类多种多样，大多数种类体表覆盖着厚厚的鳞片，鳞片表面是一层珐琅质。

腔棘鱼类可能是最保守的肉鳍鱼类群。它们最早在泥盆纪出现，[11]一直没有发生过什么变化。我们一度认为它们在恐龙时代灭绝了。然而1938年新近死亡的腔棘鱼类样本在南非海岸附近被发现，它属于科摩罗群岛附近仍然存在的一个种群。[12]后来又有一个种群在印度尼西亚被发现。[13]这些动物和它们泥盆纪的祖先相比几乎没有什么不同。虽然熟练的渔人知道有这种鱼，但是科学界长期未能注意到它们，因为它们的栖息地位于深海垂直的海底悬崖附近。

相比之下，一些肺鱼则演化得面目全非。澳大利亚有一种肺鱼叫新角齿鱼（*Neoceratodus*），这种有鳞的淡水鱼和古代的肉鳍鱼很像。但是它的近亲南美肺鱼（*Lepidosiren*）和非洲肺鱼（*Protopterus*）与其祖先相比已经发生了很大的变化，以至于一度被当成某种四足动物。[14]

线索就隐藏在名字里。

鱼类刚刚出现的时候就有类似肺的结构，肺最早的起源是它们口腔上颌处形成的一个口袋。但是大多数鱼的肺变成了独立的气囊，用来调节浮力。腔棘鱼类只在海中生活，它们的"气囊"充满了脂肪。然而肺鱼类生活在季节性的河流和池塘里，那里的水有时会干涸。结果就是，它们学会了利用肺直接呼吸空气。事实上，南美肺鱼必须呼吸空气才能存活。这倒不意味着肺鱼类和四足动物的亲缘关系特别近。我们知道后者适应陆地的能力是单独演化出来的，而且南美肺鱼和非洲肺鱼的四肢萎缩退化成了细长的鞭状结构，不足以在陆地上支撑自身的体重。泥盆纪时期的早期肺鱼和同时代的其他肉鳍鱼类很接近。

最终登陆的四足动物祖先在这一时期也和其他的肉鳍鱼类差不多。骨鳞鱼（*Osteolepis*）和真掌鳍鱼（*Eusthenopteron*）等动物看起来完全就是鱼的模样，但是它们的近亲已经开始向陆生的方向演化。一开始它们登陆只是偶尔为之，但后来逐渐习惯了经常到陆地上去。

这些鱼类往往生活在杂草淤塞的浅水水道，以体形较小的鱼类为食。一些种类长得很大，能用它们灵活的、有骨支撑的鳍爬行到最佳埋伏地点，攻击毫无戒心的"过路者"。许多根齿鱼类就是这样做的。另一个名为希望螈的类群则走得更远。

希望螈类是彻头彻尾的浅水捕食者。大多数鱼的身体两侧比较扁，但是希望螈类动物的身体像鳄鱼一样，上下比较扁，这有利于它们在浅水里潜伏。为了适应这种生活，它们有些种类的眼睛甚至长在头顶而不是头侧。不成对的鳍——背鳍、臀鳍等——要么缩小，要么干脆消失，而成对的鳍演化成了事实上的短腿，只不过仍然带有鳍棘。在希望螈类[15]以外，晚泥盆纪的提塔利克鱼（*Tiktaalik*）[16]也是典型例子。这些有腿的动物体长只有 1 米左右，和小型短吻鳄接近。它们有宽阔的扁脑袋、细长灵活的身体和粗壮的腿状前肢。它们的四肢和陆生脊椎动物的四肢每一块骨包括细节都能对应上。这些鱼类既有肺也有鳃，但很可能不经常使用鳃。鱼类的上头盖骨通常会延伸到鳃部，但它们的上头盖骨相当短，形成了一个明显的"颈部"，这些对于需要迅速转动头部伏击移动猎物的捕食者十分有利。希望螈类除了腿上长得还是鳍棘而不是手指和脚趾之外，其他方面和四足动物没有区别。

提塔利克鱼、希望螈类及其近亲生活在距今大约 3.7 亿年的泥盆纪末期。但是它们的历史可以追溯得更远。在那之前至少 2 500 万年，它们中的某个成员放弃了鳍棘而长出了趾。大约 3.95 亿年前，它们中的一个在今天波兰中部的古代海滩上留下了足迹。[17] 没有人知道它属于哪一类四足动物，但无疑这些足迹一定属于某种四足动物。

除了年代较早之外，关于它们还有一项出人意料的发现：它们不是在淡水中，而是在海岸滩涂上演化出来的。最早的四足动物就像维纳斯一样[18]直接从海洋登上了陆地。它们所适应的环境是海水或者河流入海口的半咸水。[19]

与此同时，在生物圈之下，地质运动依然活跃。罗迪尼亚超大陆分裂所形成的一系列大陆逐渐互相远离，这一板块漂移过程持续了5亿年，然后方向开始倒转。南半球的冈瓦纳古陆移动到南极，引发了奥陶纪末大灭绝，也开启了之后的一系列事件。

在泥盆纪后期，冈瓦纳古陆和北半球两个巨型大陆——欧美大陆和劳俄大陆——开始逐渐汇合到一起。它们之间的碰撞最终造成了绵延的山脉和一块巨型大陆——泛大陆（盘古大陆）。超大陆的又一次出现对地表生物造成了重大冲击：就像床铺的移动对床上杂乱的玩具、面包屑、书和早餐来说简直是天翻地覆那样。新生的山脉受到风化作用，从大气层吸收了大量二氧化碳，降低了温室效应，导致位于南极的冈瓦纳古陆又一次出现了冰川。另外，火山喷发也十分剧烈。

地球生命小史

又一次大灭绝事件已经不远了。

大多数的物种灭绝事件发生在海洋。珊瑚遭到严重破坏。泥盆纪常见的名为层孔虫类的造礁海绵遭到灭绝。[20] 在礁石之上又一次出现了叠层石。这些剧烈变化对于仅存的无颌盔甲鱼类、盾皮鱼类和绝大多数肉鳍鱼类来说是灭顶之灾。但是部分肉鳍鱼类幸存了下来。四足动物的多样化是泥盆纪末期的标志性事件。

不过一开始，四足动物大体上仍在水里生活。尽管有四肢和趾，但它们和被自己取代的根齿鱼类、希望螈类一样，依旧占据着水生伏击捕食者的生态位。不论有趾的四肢是做什么用的，总之并不是为陆地生活专门演化出来的。

最原始的四足动物包括在苏格兰发现的散步鱼（*Elginerpeton*）[21] 和拉脱维亚的孔螈（*Ventastega*）[22]，以及在俄罗斯发现的图拉螈（*Tulerpeton*）[23]、帕尔马螈（*Parmastega*）[24]，还有在格陵兰东部——泥盆纪时期那里曾是热带沼泽——发现的鱼石螈（*Ichthyostega*）。帕尔马螈的外形和习性很像提塔利克鱼或现代的凯门鳄，它们在水中游弋时只有眼睛露出水面。鱼石螈体形粗壮，身长大约 1.5 米。它的脊椎结构不同寻常，如果上岸的话，它更可能是像海豹一样扑动，而不是用腿行走。[25]同样来自格陵兰的棘螈（*Acanthostega*）只有鱼石螈的一半长，身体也瘦得多。它的四肢从体侧向外伸展，这种结构并不利于行走。它具有和鱼一样的鳃，因此只能生活在水中而无法登陆。[26]相比之下，与它同时代的发现于宾夕法尼亚的海纳螈（*Hynerpeton*）拥有发达的肌肉，足以在陆上生活。[27]总之到泥盆纪末期，四足动物多样性大为发展，但主要还是水生生物。我们可以把它们看作一类奇异的有腿肉鳍鱼。

然而，人们可能会得到这样的印象：早期四足动物在腿至少是手和脚的形态上比较随意。图拉螈四肢各有 6 根趾，鱼石螈有 7 根趾，棘螈则多达 8 根趾。[28]许多四足动物在演化过程中丢失了一些趾，有的甚至失去了整个附肢，但是今天的四足动物只要正常发育，趾的数量不会超过 5 个。这种性状被称为五趾型附肢。人们对此印象过于深刻，以至于认为上帝创造万物的时候就是这么定的，偶有出现的六指生物属于是对自然秩序的冒犯。

多种多样的早期四足动物类群在泥盆纪末期幸存了下

来，但是在随后的石炭纪，它们逐渐被看起来"现代化"的更小、更苗条的动物类群取代了。[29] 这些动物更像蝾螈而和鱼越来越不像。每条附肢要长多少根趾的问题也被确定了下来。

大约3.35亿年前，盘古大陆经过一番拼接最终形成时，属于今苏格兰西洛锡安郡的地方被潮湿阴暗的森林覆盖着。那里靠近火山和温泉，森林中遍布着爬行的节肢动物和四足动物。人们在此地发现了化石丰富的断层，其中发现了一种四足动物，被命名为黑潟湖真生蝾（*Eucritta melanolimnetes*），字面意义是来自黑色潟湖的生物。[30]

虽然它们演化出了强壮的腿，足够在陆地上承受自身体重，但早期四足动物仍受到一个重大问题的限制而不能完全离开水。这个问题就是生殖。与现代两栖动物一样，早期四足动物必须返回水中生殖。它们的幼仔像蝌蚪一样，是类似鱼的生物，用鳍游泳，用鳃呼吸。

然而，即将出现的一群动物将在生殖方式上带来革命性变化，并彻底征服陆地。在石炭纪的煤炭森林里，有各种早期陆生脊椎动物，有狗那么大的巨型蝎子，还有跟着四足动物一起上岸的凶猛的板足鲎。在一片喧嚣中，出现了名为西洛仙蜥（*Westlothiana*）的一种类似蜥蜴的小动物。[31] 它在演化树上的位置接近于这样一个祖先——其后裔都是生产坚硬且不透水的蛋的四足动物。每个这样的蛋都像是一个私密小池塘，可以被产在远离水的地方。脊椎动物和海洋的联结终于被切断了。

终有一天，爬行动物、鸟类和哺乳动物将从它们的后裔中诞生。

5

羊 膜 动 物 崛 起

盘古大陆的形成导致了又一次大灭绝事件。这场大灭绝把古羊齿（*Archaeopteris*，或译为古蕨）和枝蕨类植物组成的森林一扫而空。在泥盆纪的海洋里建造过大型礁石的珊瑚和海绵也被毁灭殆尽。仅存的盔甲鱼类——盾皮鱼类——完全灭绝，肉鳍鱼类多数灭绝，三叶虫只有少数几种幸存。浮沫状的、黏液状的或者发丝状的蓝细菌卷土重来。就像远古时代那样，叠层石又一次霸占了礁石，至少在一段时间内是这样。[1]

早期四足动物也在这次大灭绝中受挫，它们勇敢的登陆尝试被迫暂停。在物种灭绝中幸存的四足动物留在了离水很近的地方，更多的是完全生活在水里。

然而，也有一些动物重振旗鼓，试图重新征服空旷天空下的陆地。它们和早期四足动物有很大区别。纵观动物演化谱系，它们充其量是长了腿的鱼而已。

石炭纪刚开始的时候，1米长、外表看起来像蝾螈的彼得普斯螈（*Pederpes*）爬上了岸。[2] 早期四足动物如棘螈和鱼石螈的附肢上往往有许多趾，但彼得普斯螈确立了每条附肢上不多于五趾的模式，这种模式延续至今，虽然化石表明彼得普斯螈也有一个退化的第六趾——那是旧时代的遗存。

相对于同时期的其他动物而言，彼得普斯螈体形巨大。当时与之共存的有许多其他四足动物，[3]但体形都要小得多。它们或者在水边捕食千足虫（马陆）之类的小型节肢动物，或者与蝎子进行小规模的殊死搏斗，或者与尾随着猎物上了岸的传统天敌板足鲎进行更大规模的搏斗。[4]这些石炭纪初期的四足动物虽然比泥盆纪的同类更适应陆地生活，但是它们也没有完全离开水，而是生活在常常被水淹没的泛滥平原上。登上陆地的旅程向前迈进了几步，但只不过是试探性、暂时性的几步。

然而，某些石炭纪早期的四足动物一直生活在水里。有些种类把刚刚出现不久的四肢又退化掉了。厚蛙螈（*Crassigyrinus*）是一种1米长的类似海鳗的捕食者，拥有很小的四肢和塞满牙齿的巨颌。它是水中的猛兽，常常出没于石炭纪早期的河流和池塘里。有几种动物退化得更多。被称为缺肢目的小型蛇状两栖动物完全丢掉了四肢。[5]这些生物过着属于远去时代的生活，完全不离开水。在那数百万到数千万年里，四足动物还有没有决心登陆看起来是个值得怀疑的问题。

泥盆纪末期生物大灭绝之后一些陆生植物幸存了下来，四足动物在它们的阴影下乘凉。但这些植物和四足动物一样，不如祖先高大强壮，而像是杂草一般。森林需要时间来恢复，不过一旦恢复，它们便成了有史以来最庞大的雨林。其中占据优势的物种是 20 米高的芦木（*Calamites*）等木贼类，以及 50 米高的鳞木（*Lepidodendron*）等石松类。这些高大的植物直指天空，但那时的天空不是蓝色而是棕色的，空气中充斥着燃烧的味道。

今天的树大多生长缓慢，能存活数十年乃至数百年。它们由一根木质的芯支撑着。靠近树皮的部位有成排的导管，可以把水分向上输送到叶片以供光合作用，又把光合作用产生的糖分向下输送供到根部和植物全身。树的漫长一生中会繁殖许多次。在热带雨林顶部，叶片组成了树冠层，遮蔽了大部分阳光。这就在昏暗的地面上空创造了一个完全独立的生态系统，其中的动物和植物很少接触到地面。

石炭纪的石松森林完全不是这样的。和泥盆纪的祖先一样，石松类的主干中空，由厚重的外皮而不是木质的芯支撑。植株表面，无论是树干还是垂着枝条的树冠都覆盖着绿色的叶状鳞片。由于没有运输营养的导管，每一个鳞片都各自进行光合作用，为附近的组织提供营养。

在我们的现代眼光看来更奇怪的是，这些树在生命周期的大部分时间中就像是地面上毫不起眼的树桩。只有准备繁殖的时候才突然长出一棵树来。这时先是一根树干向天空刺去，然后在顶端长出分叉的树冠，把孢子散播到风中。整个过程像是慢放的礼花炮。[6]

一旦孢子脱落，这棵树就会死亡。

经过多年的风吹雨打和细菌、真菌的作用，植物的外皮会被侵蚀，导致植株整个垮掉，落在森林湿润的地面上。石松森林的荒凉景象看起来像是第一次世界大战的西线战场：坑洼的地面遍布空心的树桩，其中蓄积着废水和死尸；从腐朽的泥沼中生长出没有枝叶的树木。这些树木几乎不能遮阴，也没有下层植被，只有死去的石松树干逐渐变得支离破碎，越堆越高。

首先，石松类的恣意生长对整个世界都产生了巨大的影响。它们生长得很快，而且每个生命周期都会重新生长一次，因而消耗了数量惊人的碳元素。这些碳元素全部来自大气中的二氧化碳。巨量的消耗再加上新形成的山脉强烈的风化作用，导致温室效应减弱，南极附近的冰川又一次扩大。

其次，今天能分解树木尸体的生物——白蚁、甲虫、蚂蚁等——绝大多数还没有出现，甚至连能以植物为食的动物都很少。古网翅目（*Palaeodictyoptera*）是植食性动物之一，也是最早演化出飞行能力的有翅昆虫之一。这类动物有的像乌鸦那么大，它们有三对翅，而不是像现代昆虫那样只有两对。[7] 在常规的两对翅之前还有一对小的、残存的翅，那是更早时候一类会飞的多翅昆虫的遗留。它们像甲虫一样有凸出的吮吸式口器。古网翅目能飞得很高，可以落到石松植物的顶部食用柔嫩的产孢子器官。[8]

最后，光合作用产生了大量的游离氧。当时的大气氧含量如此之高，即使在潮湿的沼泽森林地带，树也常常被闪电点燃，像火炬一样燃烧。燃烧产生了大量的木炭，也让天空变成了棕色，永远弥漫着烟雾。

石松树干有时会被烧成木炭，有时会被迅速掩埋，而腐烂分解的速率却又微不足道。这意味着大量的石松类植物被完整地埋藏在地表，经过 3 亿年之后以煤炭的形式重见天日。整个时代——石炭纪——就是因此得名的，尽管煤炭森林实际上一直存续到二叠纪。我们已知的煤层大约有 90% 是在短短的 7 000 万年里形成的，那就是属于石松森林的时代。[9]

这是一个两栖动物繁衍生息、演化出各种形态的时代。一些小型两栖动物在河岸上翻滚和打洞，追逐小蝎子、蜘蛛和盲蜘蛛，而它们体形较大的近亲仍然在水里搜寻小型猎物，有时也捕食偶然落在水面的巨型蜉蝣、古网翅目动物、海鸥大小的蜻蜓和其他有翼昆虫。

有些两栖动物正如它们的名字所暗示的那样，介于水生和陆生之间，但它们逐渐适应了陆地生活。羊膜动物正是从这些动物中演化出来的。因此，最早的羊膜动物和其他两栖动物高度相似：都是体形很小的类似蝾螈的生物。[10] 和两栖类一样，它们在空心的石松树桩间奔跑躲藏，敏捷地捕猎蟑螂和蠹虫，也躲避着那些在充足的氧气中长成巨兽的狰狞怪物：狗一样大的有毒针的蝎子，又长又宽像一条魔毯的千足虫，有尖利装甲的 2 米长的板足鲎。那些坦克般的板足鲎一直在海洋中捕食鱼类，后来随着四足动物的迅速发展和登陆，它们也无情地追上了岸。

对于两栖动物来说，在它们的"地上乐园"产卵有极大的风险。像现代的青蛙或蟾蜍一样在开阔水域产卵等于是为路过的鱼类或两栖类准备了一份能够轻松获得的点心。因此它们不得不演化出各种手段来保护后代。有些在产卵地点一旁看守；有些远离开阔水域另寻水塘或水坑，比如在空心树桩内部的积水里产卵；有些则把卵包裹在凝胶状物质里固定在水面上方的植被中，这样蝌蚪一孵化就会坠落入水。还有一些两栖动物延长了幼体期，使之孵化出来就是小型成体而不是蝌蚪，出生以后就可以独自逃命。也有些不厌其烦地把卵一直留在母体内，甚至可能用母体组织喂养它们，直到幼仔孵化再完整地生出来。[11]

羊膜动物走得更远。它们做出的适应性改变不在于产蛋的地点，而在于蛋本身。蛋的核心是弱小的胚胎，看起来像个小黑点。它的外围包裹着凝胶和一系列的膜，这些膜可以尽量长时间地抵挡外界的危险。

羊膜是其中之一，它能够防水，为胚胎提供了专属的"池塘"和一整套生命维持系统。[12]卵内有一个卵黄囊，可以为胚胎提供营养。另一层膜名为尿囊，负责收集和存储胚胎的排泄物。绒毛膜把所有这一切包裹起来，最外面的是一层蛋壳。

最早的羊膜动物的卵和蛇蛋、鳄鱼蛋一样是软壳的，而不是像鸟蛋一样由方解石晶体的硬壳包裹。[13]重要的是，羊膜动物不需要像两栖动物一样耗费能量精心地照顾后代。它们可以在产卵以后把它埋在落叶下面或者藏在朽木里使其保持温暖，然后就放手不管。

一开始，羊膜卵只是两栖动物为了避免后代在孵化之前就被吃掉而演化出来的另一种方式。但这些早期的产卵者也同时学会了完全脱离水体生活。羊膜卵就像一件太空服，穿着它可以开拓危险的新世界——一个完全远离水体的世界。

羊膜动物的演化过程只用了几百万年。它们从类似蝾螈的小型动物变成了类似蜥蜴的小型动物。林蜥（*Hylonomus*）和油页岩蜥（*Petrolacosaurus*）等动物看起来很相似，生活习性也差不多——它们捕食那些无法从它们饥饿的口中逃脱的昆虫等小动物。与它们相近的类群中最终产生了蛇、蜥蜴、鳄鱼、恐龙和鸟类。然而，另一种羊膜动物始祖单弓兽（*Archaeothyris*）却有着截然不同的未来。这种生物属于爬行动物盘龙类，哺乳动物正是它们的后代。

羊膜卵的演化是陆地脊椎动物成功的关键。而植物界也以自己的方式回应着干旱的挑战。种子蕨类植物演化出了种子。种子蕨类的外表和其他蕨类植物一样，但它们最终将成为针叶树。

最早的陆生植物是苔藓植物。它们和两栖类一样，有水才能繁殖。雄性植物在叶和茎的表面产生精子，精子在水中游泳寻找雌性植物的卵子使之受精。受精卵发育成的植株产生的不是精子或卵子，而是被称为孢子的微型颗粒。孢子可以广为散播，遇到合适的环境就发芽成为能产生精子或卵子的植株。

如此循环往复，产生生殖细胞的植株被称为配子体，产生孢子的植株被称为孢子体，它们共同形成世代交替现象。

　　　　　　　　　　　　　　地球生命小史

尽管孢子能抵御干燥，但精子和卵子却不能，因此苔藓植物不能完全离开水体生存。

苔藓类的配子体和孢子体看起来非常相似。然而在蕨类植物中二者是不平等的，孢子体相对重要得多。我们在树林和田野中看到的蕨类植物都是孢子体，孢子就在叶片下成排的孢子囊中产生。相比之下，难得一见的配子体更小、更脆弱，而且看起来不太像蕨类植物。它们产生的是卵子和精子，而精子只能在水层里运动完成受精，因此配子体只能存在于潮湿的地方。煤炭森林里各种巨大的石松类和木贼类植物也是一样。

然而，某些蕨类植物的配子体萎缩得很厉害，以至于它们不比自身产生的生殖细胞大多少，甚至只有孢子本身那么大。因此也可以说孢子分为雄性和雌性。一些物种的雌性孢子倾向于不向环境中散播而是固定在植株上；而雄性孢子随风迁移，落在雌性孢子上使之受精。卵子受精以后形成一粒种子，外层包裹着坚硬防水的皮，只有在合适的环境下才萌发。种子的出现就和羊膜卵一样，让植物摆脱了水的束缚。

煤炭森林的兴盛没有一直持续下去，随着盘古大陆的缓慢北移，它们的好日子到头了。盘古大陆的南部曾经接近南极，在石炭纪晚期和二叠纪早期的大部分时间，那里都被冰雪覆盖，但是随着大陆的运动，坚冰又一次融化了。南北大陆融合成一体，阻挡了温暖的赤道海水环绕地球。

但是这也造就了一片生机勃勃的海洋——特提斯海（又称古地中海）。它是一片珊瑚礁环绕的巨型热带海湾，位于盘古大陆东部。由于特提斯海的存在，盘古大陆的形状看起来很像字母"C"。

横亘赤道的大陆阻碍了热带海水环绕地球流动，这意味着特提斯海岸边的气候具有高度季节性。漫长的旱季中间夹杂着若干次猛烈的季风降雨——和印度雨季来临时的降雨差不多，只不过是全球性的。[14] 这种季节性气候对组成森林的石松类植物很不友好，因为它们全年都需要热带的潮湿天气。雨林大幅减少，只剩若干孤立的小片。但是中国南部的雨林是一个例外。当时那里是特提斯海以东的一片孤立大陆，一直保留着石松森林，成为被时间遗忘的土地。

森林被生产孢子的各种树蕨类、种子蕨类以及较小的石松类植物所取代，它们通常更适应一年大部分时间干燥酷热的季节性气候。远离海岸的陆地逐渐被沙漠覆盖。

煤炭森林的消亡对两栖动物和爬行动物的命运是一次严

酷的冲击。[15] 前者损失惨重，但后者设法坚持了下来，并逐渐适应了干旱的气候。干旱反而为爬行动物带来了机遇。

许多两栖动物保留了类似鳄鱼的形态，居住在水边，但也有一些试图在沙漠中生活，同时变得更像爬行动物。其中有一种阔齿龙（*Diadectes*）是适应沙漠生活的先驱。它体长可达3米，看起来像犀牛，是最早彻底转向植食性动物的四足动物之一。在此之前，所有的四足动物都以昆虫、鱼或其他四足动物为食。肉是较难获取的，但是只要能吃到就会很容易地迅速消化。植物虽然不能逃跑，但它们会用坚韧的纤维组织劝退食客——植物纤维的细胞壁含有不可消化的纤维素。

如果植物组织不能被机械粉碎的话——早期四足动物的牙齿并不能有效地磨碎食物，那它们只能被咬断、吞掉，然后像堆肥一样在又粗又长的消化道里被一系列细菌慢慢发酵分解。植物中的营养本就不多，消化过程又很缓慢。这就是为什么植食性动物往往体形庞大，行动缓慢，而且基本上不停地吃东西。与阔齿龙同时代的早期植食性爬行动物还包括长满疣突的锯齿龙类，它们体形庞大，像是打了激素的水牛，却是小巧的林蜥的后裔。还有高度多样的盘龙类，其中包括外形优雅的基龙（*Edaphosaurus*）。它们的脊椎骨在背部高高凸起，撑起一张薄膜。

这些植食性动物的天敌包括陆生两栖动物，例如引螈

（*Eryops*）。引螈外形类似牛蛙但有牙齿，习性接近于短吻鳄。这种凶猛的动物就像是一辆装甲车，只是没有轮子。与引螈一同争夺食物链最高点的还有其他带背帆的盘龙类，比如异齿龙（*Dimetrodon*）。

与哺乳动物和鸟类不同，爬行动物和两栖动物不能主动控制体温。它们在寒冷天气中迟钝无力，需要在阳光下温暖自己才能变得活跃。因此，能够迅速升温和冷却的动物自然占据着相对优势。盘龙类是最早能主动控制新陈代谢的四足动物类群之一。如果它们把背帆正对着太阳，体温就会较快地升高。因此基龙或异齿龙可以比没有背帆的爬行类更提前出发去觅食。如果把背帆侧对着太阳，它们又可以更快地散热。除此之外，盘龙类还有一项长处：它们的牙齿不像大多数爬行动物那样是一排排相同的尖牙，而是演化成了不同的大小，因此得以更高效地咀嚼食物。

这些适应性演化——调节温度的能力以及牙齿分大小——代表着未来。

盘龙类有一个重要后裔是四角兽（*Tetraceratops*），[16]生活在如今属于美国得克萨斯州的早二叠纪沙漠中。它们很像盘龙类，但是其颅骨和牙齿有一些独有的特征。它们属于在盘龙类的新陈代谢模式上继续大幅进步的一个新的爬行动物目——兽孔类。[17] 兽孔类通常也被称为"似哺乳类爬行动物"，最早出现在中二叠纪。它们的后裔在几千万年以后将演化成哺乳动物。

兽孔类与盘龙类或其他爬行动物的不同之处在于，它们倾向于将四肢竖立在身体下方，而不是向两侧伸开；为了适应各自的食谱，它们有各种不同的牙齿，而且它们是温血动物。也就是说，兽孔类可以不依赖太阳自主调节新陈代谢。在季节性气候为主的盘古大陆上，兽孔类占据了统治地位。它们让近亲盘龙类相形见绌，也把越来越适应陆地生活的两栖类赶下了水。

二叠纪中晚期的每一个生态位中，都无一例外地有兽孔类的身影。早期的兽孔类植食性动物包括麝足兽（*Moschops*）等2吨重的巨兽。它们后来被二齿兽类取代，后者可能是古往今来最成功也最难看的四足动物。二齿兽类的桶状身体大小不等，有的像狗一样小，有的像犀牛一样大。它们头宽脸扁，就好像刚追尾了一辆汽车。除了一对巨大的獠牙状的上犬齿，其他的牙齿都被角质喙取代。虽然名义上属于植食性动物，但二齿兽什么东西都往嘴里铲，只要能吃得下去。有一些小型的二齿兽还会挖洞。事实证明，杂食性和挖洞能力保护了它们活过即将到来的大灾变。

二齿兽类也会被凶猛的捕食者追猎，那就是同属兽孔类的近亲——丽齿兽类。像二齿兽类一样，丽齿兽类也是大小各异，从獾到熊各种尺寸都有。除了不是大平脸以外，它们的外观和二齿兽类非常相似。这些懒散、瘦长的四足动物长着可与剑齿虎相比的巨型上犬齿。肉食性兽孔类还包括犬齿兽，它们往往比丽齿兽类小一些，年代越晚的种类体形越小。

随着二叠纪的延续，犬齿兽类向特异化的方向发展。它们体形变小，有的时候会在夜间活动。它们的脑很大，牙齿完全分化成了门牙、犬牙和臼齿，也有了皮毛和胡须。它们与油页岩蜥和林蜥的小型蜥蜴状后裔在世界上共存。

盘古大陆最大的时候几乎从南极延伸到北极。所有大陆合并成一块的现象对陆地和海洋生物都产生了剧烈影响。在陆地上，原本只属于特定大陆的不同生物彼此混杂在一起，"原住民"和外来者的竞争十分激烈，许多动物在竞争中灭绝了。

海洋生物在大陆架处最为丰富。大陆架是海洋中最靠近陆地的部分。当大陆合并时，可供生物栖息的大陆架就变少了。因此，争夺海洋生存空间的竞争也十分激烈。

气候本身也变得更具挑战性。盘古大陆的内陆地区大部分时间是干燥的，只是一年一度地被季风降雨所浸透，而且由于整块大陆缓慢地向北漂移，气候往往非常炎热。尽管盘古大陆南方较为凉爽，覆盖着绵延不绝的舌羊齿（*Glossopteris*）树蕨丛林，但总体来讲植物不如以往兴盛了。这意味着氧气含量大幅下降。在二叠纪末的海平面上呼吸就像今天在喜马拉雅山上呼吸一样困难。地球生命快要喘不过气来了。

更糟糕的是，即将来临的才是真正的世界末日。二叠纪结束前不久，一股在地球深处缓慢上升了千百万年的地幔柱[18]终于到达了地表，把地壳融化了。

在二叠纪晚期，你不需要深入地底去寻找地狱，因为地表就是地狱。首当其冲的是相当于现在中国的地方，曾经郁郁葱葱的热带雨林变成了充满岩浆的大熔炉。地表渗出的熔岩和充满有毒气体的烟雾放大了温室效应，酸化了海洋，还撕碎了臭氧层，摧毁了地球抵御紫外线辐射的屏障。

生命还没来得及从这一场灾难中完全恢复，另一场灾难又降临了，两次灾难相隔 500 万年。事实上，中国岩浆柱只能算是开胃菜，真正的主菜是这一个更大的地幔柱，它从地球深处升起，击穿了相当于现在西伯利亚西部地方的地表。

大地裂开了。熔岩从无数裂隙中涌出，铺满了相当于今天美国从东海岸到西部落基山脉的整块大陆，黑色的玄武岩堆积了数千米厚。伴随而来的火山灰、烟雾和毒气几乎杀死了这颗星球上的所有生命——但不是立刻杀死的，而是先用各种手段折磨了它们 50 万年。

第一种手段是二氧化碳。当时它产生的温室效应足够让地表平均温度上升好几摄氏度。盘古大陆的部分地区早已缺氧而又酷热，这下彻底变成了生命的禁区。

这个变化对环绕特提斯海的珊瑚礁造成的影响是灾难性的。构成珊瑚礁的是一些胶冻状的珊瑚虫，它们体内共生有喜好阳光的藻类，这些藻类对温度非常敏感。由于海水温度上升，它们只得离开珊瑚另寻他处。[19] 这导致了珊瑚虫的死亡，珊瑚随之白化、死亡和碎裂。

数千万年来一直支撑着珊瑚礁生态系统的是床板珊瑚类和皱纹珊瑚类，由于海平面的变化，它们的数量已经在下降。西伯利亚事件是压死骆驼的最后一根稻草。[20] 没有了珊瑚，以珊瑚礁为栖息地的大量生物也随之灭绝。

灾难还不止于此。火山喷发的大量酸性物质充满了天空。二氧化硫一直涌到了高层大气中。在那里，二氧化硫参与了微粒的形成，水蒸气以微粒为核心凝结成云，将阳光反射回太空，导致地球表面的暂时冷却。也就是说，在酷热的气候中夹杂着一些寒冷时期。然而当二氧化硫溶解在雨水中降落到地表时，它形成的酸雨又摧毁了植物，破坏了土壤，把森林变成了一片黑色的木桩。酸雨中含有盐酸（氯化氢）甚至氢氟酸，这更加剧了其破坏作用。大气中游离的氯化氢也破坏了保护地球免受紫外线伤害的臭氧层。

在正常的年代，海洋中的浮游生物和陆地上的植物会吸收大部分二氧化碳，但是植物的生存遇到了危机。所以大量二氧化碳不是被植物吸收而是溶解在雨水里，从而加快了地表风化的速率。

由于没有植物的稳定作用，在风化作用下，土壤被冲刷干净，只留下裸露的岩石。海水变成了一锅浓汤，里面悬浮着浑浊的沉淀物和在陆地上被干掉的动植物的尸体。作为分解者的细菌去吃这些尸体，把最后一点氧气也用光了。尸体让有毒藻类兴盛一时，在完全消化之前，这些藻类也衰落了。冒着气泡的酸性海水腐蚀并溶解了一切海洋生物的卵壳。许多海洋生物依赖矿化骨骼生存，但酸性海水让它们变得轻薄而脆弱。即使它们在黑暗而死气沉沉的海洋里幸存下来，也无法再形成贝壳。

然而这些还不算完。地幔柱还破坏了甲烷沉积层的稳定。在灾变之前，甲烷一直冻结在北冰洋底。现在甲烷气体冲向海面，伴随着雷鸣般的响声向空中喷发数百米。甲烷是一种比二氧化碳强得多的温室气体，它导致温室效应螺旋式上升：全世界都被烤焦了。

好像这些还不够似的，每隔几千年，火山就向大气中喷射出大量的汞蒸气，[21] 努力把所有还没有被窒息、被熏死、被烧死、被煮死、被烫死或被溶化的生物毒死。

最终，海洋中每 20 种动物中就有 19 种，陆地上每 10 种动物中就有 7 种以上灭绝。许多灭绝的动物没有留下后代或近亲。

例如，大灭绝杀死了最后的三叶虫。这些像鼠妇的生物早在寒武纪就在海底爬来爬去或者在海中游泳了。到二叠纪时它们已经历了长期衰落，只有少数种类坚持到了二叠纪末。它们的最终谢幕是安静而不被注意的。

海蕾类有着相似的命运。它们是一类长有茎部的棘皮动物。在寒武纪和二叠纪之间，曾出现过多达 20 类棘皮动物，其中海蕾类是存活到最后的类群之一。与它们相比，今天的棘皮动物在我们看起来往往比较熟悉，赶海人捡到它们并不会感到惊讶，但是如今它们一共只有 5 类：海星、海蛇尾、海参、海胆和海羽星。[22]

但是差一点就只剩下 4 种。如果不是海胆类一个属中的两个种经受住了风暴，海胆一族也会消失并被遗忘。幸存者们坚持了下来，辐射演化成今天的各种海胆。虽然现代海胆包括从球形的紫海胆到几乎扁平的沙钱种类繁多，但在古生代海胆的种类更多。所有的现代海胆都来源于大灾变幸存者那有限的基因库。如果不是这些为数不多的灾难见证者的顽强坚持，海胆一定不会幸存于现代海滨，对我们来说它们会像海蕾一样奇异又陌生。[23]

几乎所有的贝类都灭绝了，它们要么被酸烧死，要么在缺氧的海水中窒息。只有极少数物种幸存了下来，克氏蛤（Claraia）是其中一种。它是类似于扇贝的双壳类软体动物。在二叠纪和之前的年代，在海洋中称王的是腕足动物。它们表面上和双壳类软体动物类似，都是由像祈祷的双手一样的两片贝壳包围着柔软的身体，靠滤食水中碎屑生活。二叠纪末大灭绝打破了平衡。几乎所有的腕足动物都灭绝了，在现代海洋生态中它们只是个边缘的小角色。克氏蛤和它的后裔则成了大灭绝的受益者，它们占据了腕足动物的生态位，这就是为什么海滩上到处都是蛤蜊、贻贝和扇贝等双壳类，而腕足动物基本上只能存在于化石中。二叠纪末大灭绝事件深刻持久地改变了生命的形态，我们今天还能听见它的回声。

在陆地上，延续了许多代的多种两栖类和爬行类被一扫而光。大群笨拙的、有角和疣的锯齿龙类消失了。有背帆的盘龙类和它们的近亲兽孔类大多也没有活过二叠纪。曾经成群结队在二叠纪的平原上啃食木贼类和蕨类植物的二齿兽类动物，连带着猎食它们的长有剑齿的丽齿兽类也几乎全部灭绝。

两栖动物几乎完全被赶回了它们泥盆纪时期的水中老家。所有适应了陆地生活，习性更接近爬行动物的两栖动物都灭绝了。所有羊膜动物的祖先都来源于这些石炭纪早期的两栖动物，是它们让陆上生活变得更为可行，但它们都已不复存在了。

地狱之门先是在相当于今天的中国之地开了一条缝，然后在西伯利亚完全大开，几乎把所有的生命都吸进了深渊。陆地变成了寂静的不毛之地，存活的植物极少，它们在这濒死的星球上艰难挣扎。海洋里充满了死亡的气息。珊瑚礁消失了，海底覆盖着一层发臭的黏液毯。这种景象就像是时间回到了寒武纪以前。

但生命会回来的。一旦回来，它们还将带来一场全世界前所未有的最多彩、最热闹的盛会。

6

三叠纪公园

从二叠纪末期的灾难中恢复过来用了数千万年。在相当长的时间里，一度充满生命的海洋和陆地都是相对贫瘠的。这对于某些机会主义者——比如著名的水龙兽（*Lystrosaurus*）——来说是个大好时机。

水龙兽身体像猪，对食物穷追不舍像金毛猎犬，头部像一台电动开罐器。它的繁盛相当于炸弹爆炸现场长出来的野草。水龙兽是二齿兽类的一种，属于一度庞大且多样的二叠纪陆地统治者——兽孔目类群。大多数兽孔类在大灾变中灭绝了，水龙兽可能因挖洞避险的习性才得以幸存。

水龙兽出现后取得的成功归功于它"哪里都去，什么都吃"的态度，以及宽度大于长度的头骨。它的下颌由巨大的咀嚼肌驱动，牙齿完全退化，取而代之的是尖锐的角质喙。上颌也是一样，只有一对加长的犬齿形成獠牙，獠牙位于扁平的脸的两侧。无论找到何种能吃的东西，它都能用有力的头部像挖掘机一样进行挖、刮、割、铲等动作，把食物送进不停咀嚼的大口里。

二叠纪末大灭绝后的头几百万年里，陆地生物界几乎是水龙兽的独唱舞台。它们成群结队地在以干燥沙漠为主的盘古大陆上漫游，同时也乐于进入偶然发现的林地和湿地。当然其他动物也是存在的，但当时动物中十有八九都是水龙兽。它们可能是古往今来最成功的陆生脊椎动物。

那么，除了水龙兽还有什么动物幸存下来了？阔齿龙和引螈是两栖类尝试向陆地生活演化的代表，但它们没有存活下来。三叠纪的两栖动物是水生的，习性和外表类似鳄鱼。其中一些体形较大的物种作为活化石一直存活到白垩纪中期，但它们最终也灭绝了。体形较小的两栖动物成为最后的赢家。在三叠纪出现了最早的蛙，名为三叠尾蛙（*Triadobatrachus*）。

尽管水龙兽遍布全球，但它们在盘古大陆的南北两端并不常见，在三叠纪早期更是如此。那时候的极地虽然比炙热的赤道地区凉爽，但除了巨型两栖动物仍然统治的河道，气候还是太过干旱。

三叠纪的爬行动物来源于逃过了大灭绝的一些小型生物。它们与水龙兽相比很不起眼，有的甚至生活在洞里。但是时间进入三叠纪以后，它们迅速地辐射演化，出现了一系列令人眼花缭乱的形态，这是对造成了无法挽回损失的大灭绝事件的一次回击。[1] 许多新出现的爬行动物选择了水生生活。

和蛙一样，龟也是起源于三叠纪的一类动物。二者都在水中进行了辐射演化。三叠纪的原颚龟（*Proganochelys*）看起来和现代的陆地龟一样，腹部和背部都有完全成形的壳，但其他一些三叠纪龟则不然。齿龟（*Odontochelys*）只有腹部有一个完整的腹甲，背部只有由宽肋骨组成的部分背甲；[2] 和水龟一样大的罗氏祖龟（*Pappochelys*）的背甲和腹甲都还没有完全形成；[3] 长 1 米的始喙龟（*Eorhynchochelys*）既没有胸甲也没有背甲，还有一条非常不像龟的长尾巴，但是它的喙却有龟的典型特征。[4] 对于龟、类似于龟以及只是看起来像但其实不是龟的那些动物来说，三叠纪是个黄金时代，在这一时期，它们演化出了高度多样化的形态和生活方式。

楯齿龙类就是表面上看起来像龟的一类海洋爬行动物。[5] 它们行动缓慢，身体厚实，通常有背甲。其牙齿形状像墓碑，专门用来咬碎软体动物的壳。当楯齿龙类在淤泥中寻找贝类的时候，其他一些爬行动物——幻龙类，以及非常相似的海龙类和肿肋龙类——却在阳光闪烁的海洋中追寻着鱼类。这些生物躯体瘦长，有长长的脖子和尾巴，四肢可以像鳍一样划水。幻龙类与很久之后出现的蛇颈龙类是近亲，后者通常体形大得多，也更适应水生生活。幻龙类、肿肋龙类和海龙类同楯齿龙类一样，都出现于三叠纪也灭绝于三叠纪。

长颈龙（*Tanystropheus*）以在浅水区潜行捕鱼为生。它身长 6 米，颈部的长度不短于躯干与尾的总长度。更令人惊奇的是，它的颈椎相当僵硬，只由十几块很长的椎骨组成。在三叠纪这个爬行动物怪胎秀上所展示的所有奇怪生物中，长颈龙是最奇怪的动物之一。

还有一类更奇怪的动物叫作镰龙类。这些不可思议的生物大部分时间悬空倒挂在水面上方。它们的尾巴末端有一个坚硬的爪子可以用作抓钩。倒悬起来以后，它们会用前趾上的钩状爪在水里划动，像鱼叉一样抓鱼，然后用长长的鸟嘴一样的喙将其吞下。[6]

湖北鳄类在三叠纪海洋中占有一席之地。[7] 它们是一个小型的水生爬行动物类群，具有短粗的鳍状肢和长长的喙状吻。这些奇特生物与水生爬行动物的顶峰——鱼龙类是近亲。看起来颇像海豚的鱼龙类也出现于三叠纪。它们一生都生活在海中，像鲸一样胎生。有些鱼龙类体形和鲸接近。三叠纪的沙尼龙（*Shonisaurus*）[8] 能长到 21 米，它不仅是最大的鱼龙，也是已知最大的海洋爬行动物。鱼龙类一直生存到白垩纪晚期，在它们处于全盛期的三叠纪没有任何对手能够挑战其地位。

在陆地上，二叠纪那些有角和疣的怪兽，即锯齿龙类的日子已经到头了。但它们体形小得多的远亲前棱蜥类还在。这些矮胖而多刺的小型生物头骨宽阔，口中长满了适合碾碎植物或昆虫的牙齿。三叠纪蕨类和苏铁类组成的矮树丛中到处都是它们不起眼但忙碌的身影。拨开任何一丛植物总能发现不止一只这类动物在逃窜。总之，在三叠纪前棱蜥类动物到处都是，但是在三叠纪末期它们全部灭绝了。

然而人们经常把它们和多刺的、蜥蜴状的楔齿蜥类相混淆。后者和前棱蜥一样无处不在，但楔齿蜥类没有在三叠纪灭绝，而是一直存活到了今天——虽然只留下一个种。这唯一的幸存者是喙头蜥。作为 2.5 亿年悠久历史的最后孑遗，它只存在于新西兰附近的几个小岛上。

与楔齿蜥类一样，最早的有鳞类动物，包括巨掌蜥（Megachirella）等物种也出现在三叠纪。[9] 有鳞类是今天蜥蜴和蛇的祖先。许多早期的小型爬行动物只是表面上看起来像蜥蜴，但巨掌蜥确实属于蜥蜴的一种。

同石炭纪的小型两栖动物一样，蜥蜴也有把腿退化掉的演化趋势。这种情况在蜥蜴的演化史上发生了很多次。这种趋势发展到极端便出现了蛇。但那是在之后的侏罗纪时期，盘古大陆分裂致使蜥蜴和蛇兴盛起来。[10] 蛇也不是一下子失去了四肢，有些早期的蛇还保留着后肢。曾经在白垩纪特提斯海南方海岸上爬行过的厚蛇（*Pachyrhachis*）就具有已经退化的很小的后肢。[11] 陆生的纳哈什蛇（*Najash*）的后肢更为强壮，连接在骶骨上，可以完全发挥作用。[12] 蛇出现以后很快就演变成了包括从穴居者到游泳者的多样化类群。

经受住了二叠纪末考验的水龙兽和另外一两种更罕见的二齿兽类继续进行辐射演化，成为一系列形态类似但体形更庞大的动物，其中包括像牛一样大的肯氏兽（*Kannemeyeria*）。它们曾和喙头龙类一同在平原上游荡。喙头龙类和二齿兽类一样有着丰满的躯干和喙状的吻，但在亲缘关系上更接近三叠纪的统治者——主龙类（*archosaurs*）。主龙的字面意义就是"占统治地位的爬行动物"。

早期的主龙类并非都很小。巨大而可怖的引鳄（*Erythrosuchus*）就是主龙类最早的成员之一。它们身长 5 米，同期兴盛一时的水龙兽在它们眼里不过是些移动的食材。

如今，代表主龙类的是两类截然不同的动物——鳄类和鸟类。在三叠纪，鸟类还未出现，但看起来或多或少像鳄鱼的动物多到了令人眼花缭乱的程度。

最接近鳄鱼的也许是植龙类，实际上它们很容易被误认为是鳄鱼。但植龙类的鼻孔往往位于头顶而不是前端，因此可以轻松地在水下潜行而仅露出一点点身体，这一点与鳄鱼不同。植龙类是食肉动物，可能以鱼为食。它们的亲戚坚蜥类是素食者，善于用有尖刺的背甲保护自己。1亿年以后的甲龙类也是往这个方向演化的。

坚蜥类更害怕的掠食者是劳氏鳄类。这种令人敬畏的四足食肉动物体长可达6米，头部大而有力，看起来竟然颇像霸王龙（又称君王暴龙）等肉食性恐龙。今天的短吻鳄常常是匍匐前进的，但它们也能采取一种被称为"高位行走"的步态，即让四肢更紧贴躯干运动。陆生动物使用这种步态时能量效率更高。劳氏鳄就是这样行走的，它们的许多主龙类亲戚也是一样。但有些主龙类采取的是两足行走的方式——至少也是偶尔为之。

脊椎动物来自海洋，登上了陆地，而后又飞上了天空。在二叠纪和三叠纪，脊椎动物为了捕捉昆虫在飞行方面做了一些尝试。昆虫早在石炭纪就学会了飞行，在三叠纪它们更是演化成了高度多样性的类群，其中包括一系列不同寻常的形态。在二叠纪和三叠纪的森林里，许多爬行动物曾利用滑翔的能力追逐蜻蜓，例如孔耐蜥（*Kuehneosaurus*），它的形态和行为很像现存的滑翔蜥蜴——飞蜥（*Draco*）。另一种更为典型的三叠纪生物是沙洛维龙（*Sharovipteryx*），说它典型是因为它非常奇异，在此前和此后再没有与之相似的动物。它是利用修长的后肢之间撑起的一张皮质膜在树林间滑翔的。

然而要等到三叠纪，脊椎动物才真正学会了飞行，而不再是简单地在树木之间滑翔。这些飞行家是翼龙类，它们也曾经被称为翼手龙类。翼龙类属于主龙类，与恐龙是近亲。[13]它们的翼本质上是由肌肉和皮肤组成的有弹性的膜，连接着前肢和躯干，被极度延长的无名指（第四指）撑起。"翼手"一词的意思是"撑起翼的手指"。最早的翼龙体形较小，像蝙蝠一样靠扑动双翼飞行。它们体表有毛，这一点也和蝙蝠一样。

随着翼龙类的演化，它们的体形不断增长。在白垩纪末它们最终灭绝之前，那些最后的翼龙有小型飞机那么大，而且几乎从不扑动双翼。它们体重很轻，但双翼巨大，因此它们要起飞的时候只需迎着微风展开双翼即可，其他的就交给物理学了。它们在飞行上的成功得益于精密的身体构造。翼龙类的骨架演化成了刚性的方形机身，骨头中空且几乎像纸一样薄。最大的翼龙能够在无风的空气中靠上升气流滑翔。这些生物滑翔机的转弯半径极小，哪怕比自身翼展还窄的上升气流，它们也能够利用。依靠上升气流，它们可以越飞越高，到了一定高度再主动脱离滑向下一个上升气流。[14] 它们可以用这种方式几乎不费力气就飞得很远。翼龙中的巨型种类如无齿翼龙（*Pteranodon*）曾经巡弋过盘古大陆解体后形成的海洋，在刚分裂形成的年轻大陆之间来回穿梭。

只有足够大的翼龙，比如无齿翼龙、巨型的风神翼龙（*Quetzalcoatlus*）和可能更大的阿氏翼龙（*Arambourgiana*），才能以这种方式翱翔。再大的力量也无法在不导致卷曲的前提下扑动其巨大的双翼，而且，翼龙类并没有鸟类那种凸起的胸骨来固定强壮的飞行肌（相当于鸡胸肉）。只有小型翼龙才有可能像蝙蝠那样扑动双翼。[15] 年代最晚也是最大的那些翼龙实际上不怎么飞行，而主要是在陆地上像个移动的大帐篷一样笨拙地走来走去。它们头部巨大，双眼能和长颈鹿互相平视。

盘古大陆的解体给蛇和蜥蜴带来了机遇，但对于在高空气流中巡航的翼龙来说却意味着危机。侏罗纪和白垩纪期间的大陆漂移造成了多变、多暴风雨的气候，这种气候与温度较为均匀的三叠纪大不相同。虽然盘古大陆的气候经常很恶劣，但是除了季风期以外，风是和缓的。由于极地冰盖消失，海水可以向各个纬度传递热量，这意味着极地和赤道之间的温差变得很小。气候变化导致了风力的加强，那些像是精巧风筝的巨型生物被风吹得倒栽到地上，残骸如破碎的雨伞般散落一地。

在爬行动物的狂欢之余，少数——真的极少——二齿兽类以外的兽孔类还在努力坚持着。在三叠纪早期，狗一样大小的犬齿兽类，如犬颌兽（*Cynognathus*）和三尖叉齿兽（*Thrinaxodon*），扮演了中型食肉动物的角色。随着时间的推移，这一系生物变得越来越小，毛发越长越多，游走于被忽视的夜间角落，进化成了哺乳类。但属于它们的时代还没有到来。

三叠纪晚期，在主要用两足行走的主龙类之中出现了最早的恐龙。它们起源于劳氏鳄类、喙头龙类等或多或少类似鳄鱼的动物。

主龙类可以分为两大演化支。其中一支和鸟比较接近，另一支和鳄鱼比较接近。恐龙和翼龙属于"鸟系"，它们起源于被称为匿龙类的三叠纪生物群。完髋鳄（*Teleocrater*）是匿龙类的一种，它是身长腿短的四足动物，看起来很像鳄鱼，但它的脖子比鳄鱼长，头也比较小。[16]

看着完髋鳄这样的动物，我们很难想象终有一天它所有的主龙类近亲都会灭亡，只有它自己的后裔会在演化史上留下浓墨重彩的一笔。但是，在它的骨头中能找出光明未来的线索。比起许多其他主龙类，匿龙类的生长速率稍高，稍微更活跃一些，对于它们所处的世界的感知能力也稍微更强一些。

比匿龙类更接近恐龙的是西里龙类。它们的身形比匿龙类更苗条优雅，尾部和颈部修长，但仍然用四足行走。[17] 到了三叠纪末期，所有的匿龙类和西里龙类都消失了。但和它们亲缘关系最近的恐龙存活了下来，并完全采用了两足行走的生活方式，而不再是偶尔为之。恐龙的整个解剖结构都是围绕着两足姿态建立的。现在地球之王的位置轮到它们来坐了。

恐龙悄无声息地出现于温暖湿润的冈瓦纳古陆腹地，远离风暴肆虐的特提斯海海岸和酷热的沙漠地带。虽然恐龙已经开始演化出后世常见的肉食性的兽脚类和植食性的蜥脚类，但在由二齿兽类、喙头龙类、劳氏鳄类、坚蜥类、植龙类和巨型两栖动物唱主角的三叠纪狂欢节上，恐龙只是一个相对较小的配角。

但随着二齿兽类和喙头龙类等大型植食性动物开始衰落，植食性恐龙悄悄取代了它们的位置。恐龙也逐渐向北方迁移，最终抵达了赤道附近的沙漠地带。即便如此，它们与繁盛的"鳄系"主龙类相比仍然是个小角色。当时的腔骨龙（*Coelophysis*）和始盗龙（*Eoraptor*）[18]等兽脚类恐龙是小而敏捷的机会主义者，与后来侏罗纪、白垩纪的巨兽相差甚远。劳氏鳄仍然是陆地的王者，巨型两栖动物统治着河流和湖泊，繁盛的水生爬行动物则控制着海洋。这一时期的蜥脚类恐龙和它们的近亲，如板龙（*Plateosaurus*）等，体形都很大，但还远不是它们的后裔腕龙（*Brachiosaurus*）或梁龙（*Diplodocus*）之类的陆地巨鲸。在三叠纪末期，没有明显的迹象表明命运将会垂青恐龙而不是别的爬行动物类群。如果把三叠纪爬行动物比作交响乐团，那么恐龙只是首席独奏背后的一个普通乐手，并在那个位置上度过了 3 000 万年。

在这一切之下，地质运动从未停歇。盘古大陆，这个由罗迪尼亚超大陆的碎片经过数亿年拼接形成的超级大陆，自身也开始解体。

事变开始于地壳中一条薄弱的裂缝，这里也曾上演过别的好戏。盘古大陆形成之前很久，在距今 4.8 亿年的奥陶纪，两个大陆板块曾沿着这条裂缝的走向碰撞在一起，致使一个更古老的大洋消失，并形成了平行于北美东海岸的阿巴拉契亚山脉。

三叠纪晚期，地壳大致沿着同一条线逐渐裂开，最终形成了一个新的大洋——大西洋。断裂先是形成了南起卡罗利纳北至芬迪湾的大裂谷。随着裂谷越来越宽，沉积物不断从两面悬崖上坠入谷底，形成了不断变幻的湖泊河网。那里的生命一度繁盛，但它们面临着四周火山的威胁。

地壳被拉伸得越来越薄，地底潜藏的怪物终于冲了出来，毁灭性的时刻到了。大约 2.01 亿年前，一团岩浆冲到了地表，喷出的大量玄武岩覆盖了整个北美东部和当时毗邻的北非地区。同时二氧化碳、火山灰、烟雾和各种有毒气体被释放出来——这一套我们已经很熟悉了。全球气温本来已经很高，这时更是飙升到了生命无法承受的程度。看起来好像是地球因为在 5 000 万年前没能把一切生命灭绝而感到遗憾，总结了经验教训要再试一次。

这场危机持续了 60 万年。

危机结束后，海水涌进了裂谷，形成了后来大西洋的雏形。许多原本可以在新的海洋里遨游的动物却已不复存在：海龙类、肿肋龙类、幻龙类、湖北鳄类和楯齿龙类都灭绝了。

鱼龙类和幻龙类的后裔——蛇颈龙类——幸存了下来。在陆地上，二齿兽类和前棱蜥类、劳氏鳄类和喙头龙类、西里龙类、奇异的沙洛维龙、长颈龙和镰龙类全都被一扫而空。伟大的三叠纪"马戏团"演出结束后离开了，现场只留下零零星星的少数幸存者。

　　形似鳄鱼的动物种类逐渐减少，它们这一支系——包括今天的鳄鱼在内——从此不复繁盛。巨型两栖动物只有少量幸存了下来。幸存者还包括翼龙、极少数哺乳动物和类似哺乳动物的兽孔类犬齿兽，还有出现不久的楔齿蜥类、龟类、蛙类和蜥蜴类。当然最重要的还有恐龙。

　　为什么恐龙幸存了下来，而许多类似鳄鱼的生物却灭绝了，这仍然是一个谜。也许一切只是运气的问题。在二叠纪末大灭绝之后，是水龙兽赢得了生命演化的头彩。但现在，恐龙即将崛起并辐射演化，以填补刚刚打开大门的新世界。

7

飞 翔 的 恐 龙

恐龙的身体天生适合飞行。首先，与它们为数众多的鳄鱼形态的亲戚相比，恐龙更倾向于使用两足行走。[1]

大多数习惯于四足行走的动物的重心位于胸部。它们必须耗费许多能量才能用后肢站起来，因此很难舒服地站立哪怕一小段时间。恐龙则不同，它们的重心位于腰带。恐龙的腰带到头部的距离相对较短，长而硬的尾部足以平衡身体。以腰带为支点，恐龙可以毫不费力地用后肢站立。与大多数羊膜动物短粗壮硕的四肢不同，恐龙的后肢可以长得又长又细。腿的末端越细，运动就越方便，也就越容易实现快速奔跑。退化了的前肢与奔跑无关，可以用来做其他的事，比如抓握猎物或攀爬。

恐龙的身体结构是一根围绕它的长腿保持平衡的杠杆，它用一套协调系统时刻监控身体的姿态。恐龙的大脑和神经系统十分敏锐，不亚于从古至今的任何动物。所有这一切意味着恐龙不仅能站立，还能奔跑、阔步走、用一只脚旋转，其优雅姿态为地球上前所未有。事实证明，优秀的运动能力是恐龙繁盛的保证。

恐龙的扩张洪流席卷了一切。到三叠纪末期，恐龙已经高度分化，填补了陆地上的所有生态位——就像兽孔类在二叠纪所做的一样，但恐龙的优雅程度远非别的动物可比。大大小小的肉食性恐龙忙着捕食植食性恐龙，而后者的防御策略要么是长成巨兽，要么是披上重甲成为坦克。蜥脚类恐龙又重新采用了四足行走的方式，并成为从古至今最大的陆生动物，有的身长超过了50米，有的如阿根廷龙（*Argentinosaurus*）的体重超过70吨。[2]

然而，即使庞大如它们，也并不能确保安全。这些巨兽同样会被巨型肉食性恐龙捕食——其中包括鲨齿龙（*Carcharodontosaurus*）和南方巨兽龙（*Giganotosaurus*）等陆上鲨鱼。[3] 肉食性恐龙的巅峰是恐龙时代末期出现的霸王龙。

霸王龙把恐龙独特的身体构造所蕴含的潜力发挥到了极致。这种重达5吨的巨兽后肢上的肌肉和肌腱像柱子一样。它们放弃了祖先的速度和优雅，换来了无法阻挡的惊人力量。[4] 霸王龙的身体以强壮的腰带为支点，由一条长长的尾来平衡。上身相对较短，前肢高度退化，体重集中于强健的颈部肌肉和一张巨口。口中布满了牙齿，一颗牙齿的大小和形状像一根香蕉，当然硬度不像香蕉，除非香蕉比钢还硬。霸王龙的咬合力惊人，[5] 足以刺穿体形如大巴车、防御优良但行动缓慢的甲龙类和三角龙（*Triceratops*）。霸王龙及其近亲会把猎物连装甲带骨头和肉一起血淋淋地撕成碎块并囫囵吞掉。[6]

很多小型化的恐龙也给人留下了深刻印象。有些种类小到能在你的掌心跳舞，例如乌鸦那么大的小盗龙（*Microraptor*），体重不到 1 千克；独一无二的奇翼龙体形很小，形似蝙蝠，体重不到 500 克。

兽孔类动物体形的上限不过接近大象，下限接近小猎犬。但是恐龙的体形打破了这些限制。为什么恐龙能够同时演化成如此巨大和如此微小的种类呢？

首要原因在于它们的呼吸方式。

在羊膜动物历史的深处有过一次断层。哺乳动物是三叠纪之后仅存的兽孔类，它们经历了重大挫折，但是一直顽强地生存在恐龙的阴影中。对它们来说，呼吸就是吸入氧气，然后再呼出二氧化碳。客观地说，这种呼吸方式的效率并不高。新鲜空气经过口和鼻进入肺，再由肺部周围的血管把氧带走，这个过程浪费了许多能量。废弃的二氧化碳也要经过同样的血管回到肺中，再经由口和鼻排出。利用同一处空间进行吸气和呼气，意味着呼吸系统里的废气很难一下排放干净，新鲜空气也不能随着每次吸气充满肺部的每一个角落。

其他羊膜动物——恐龙、蜥蜴等——也用同一组孔来吸气和呼气，但在吸气和呼气之间发生的事却大不相同。它们演化出了一种单向性的空气处理系统，使呼吸效率大为提升。空气流过肺之后并不是马上被呼出，而是经由一组单向阀引流，进入遍布全身的气囊系统。今天我们能在一些蜥蜴身上看到这种系统，[7]但把它真正发展到极致的是恐龙。气囊本质上是肺的扩展。恐龙的内脏周围遍布着气囊，甚至骨头内部也有气囊。[8]可以说恐龙的身体充满了空气。

　　这种空气处理系统既简洁又实用。恐龙的神经系统发达，十分活跃，需要获取和消耗很高的能量。为了给组织提供氧气，它们需要一种最高效的空气输送系统。能量的快速消耗产生了大量的废热，而气囊又提供了良好的散热手段。这就是为什么有些恐龙可以长得巨大无比——它们拥有空气冷却系统。

　　如果让身体长大但保持形状不变，则其体积的增长速率远远大于表面积的增长速率。[9]也就是说对于更大的躯体，体内部分占比较高，而体表部分占比较低。这会造成一系列的麻烦，包括如何获取食物、水和氧气，如何排出代谢物，以及如何排放因消化食物甚至只要活着就会产生的废热。原因在于，可以用于交换物质和热量的面积相对于需要服务的组织的体积而言变小了。

大多数生物是微型的，所以这些都不是问题。但是只要生物体长得比句号大，这些全都是问题。解决方案首先是演化出专门的运输系统，如血管和肺等；其次是演化出向外延伸的或者具有内部复杂结构的散热器，例如盘龙类的背帆、大象的耳朵，或者具有复杂内部结构的肺——肺除了进行气体交换以外还有散热功能。[10]

哺乳动物在恐龙时代被牢牢压制，最大只能长到獾的体形，但终有一天它们会得到解放。它们的解决方案是让毛发一边生长一边脱落，以及出汗。汗腺在体表分泌汗液，汗液蒸发时从皮下毛细血管中带走热量，产生冷却效果。从肺部呼出的空气带走的热量也要计算在内。这就是为什么某些毛茸茸的哺乳动物热了就会喘气，同时伸出长长的舌头以蒸发水分。陆生哺乳动物中体形最大的是巨犀（*Paraceratherium*），这种高大但不壮硕的无角动物是犀牛的远亲。它们生活在3 000万年前，那时离恐龙时代已经很遥远了。巨犀肩高大约4米，体重可达20吨。

但最大的恐龙比巨犀大得太多了。那些巨大的蜥脚类恐龙，如作为有史以来最大的陆地动物之一——重70吨、长30米的阿根廷龙，与自身的体积相比，其表面积相当得小。即使它的颈部和尾部已经尽量延长，但也不足以散发其庞大的身体内部所产生的全部热量。

　　尽管蜥脚类恐龙非常大，但经验告诉我们，大型动物的静息代谢率往往比小型动物更慢，所以体温通常会更低一些。让这么大的恐龙在阳光下暖和身体需要很长很长的时间，但是让它冷却也需要同样长的时间，所以一只非常大的恐龙只要暖和过来，就可以依靠庞大的身躯保持相对恒定的体温。[11]

　　它们能够长这么大得益于恐龙的家传秘笈。它们的肺本身就相当巨大，还连接着遍布全身的气囊系统。因此这些动物实际上并没有外表看起来那么大，骨骼中也有气囊，使之更加轻便。那些最大的恐龙是生物工程的奇迹，它们的骨骼是一系列中空的承重支柱，非承重部分被削减到了极致。

　　关键在于它们体内的气囊系统不仅仅是从肺部排出热量，还能够从内脏直接吸收热量，而不必让热量先通过血液传遍全身再输送到肺部，这样就简化了问题。作为产热大户的肝脏是重要受益者，而大型恐龙的肝脏有一辆小汽车那么大。恐龙的空气冷却系统比哺乳动物的液体冷却系统更加高效。[12] 因此恐龙可以长得比哺乳动物大得多，而不会把自己热死。

　　与其说阿根廷龙是笨重的庞然大物，不如说它是一种轻盈的、四足的、不会飞的……鸟。因为鸟类作为恐龙的继承者，拥有同样的轻量化结构，同样的高速新陈代谢，以及同样的空气冷却系统。所有这些都对飞行极为有利。轻量化是飞行所必需的特征。

飞行能力也和羽毛有关。恐龙在自身生命历史的早期就出现了身披羽毛的特征。最初的羽毛更像是毛发，翼龙也有这样的毛发——三叠纪时期出现的翼龙是恐龙的近亲，也是最早学会飞行的脊椎动物。[13] 即使不去飞行，一层羽毛也可以作为大量产热的小型动物所需的隔热材料。活跃的小型恐龙所面临的挑战与那些大型恐龙所面临的正好相反，它们需要维持住宝贵的热量而不至于过快消散。[14] 早期的简单羽毛很快发展出了羽片和羽枝，而且有了颜色。[15] 像恐龙这样聪明又活跃的动物往往会忙碌于社会生活，自我展示是其中的重要部分。

恐龙的另一项成功秘诀是产蛋。虽然大多数脊椎动物会产蛋——这一习性让最早的羊膜动物彻底征服了陆地，但是许多脊椎动物恢复了古老的胎生习性。胎生最早出现于早期有颌脊椎动物。繁殖的关键是要找到一种既能保护后代，又不会给亲代带来太大负担的策略。最早的哺乳动物也是产蛋的，但后来它们几乎全部转向胎生，并为此付出了可怕的代价。在体内孕育后代要耗费巨大的能量，而且也限制了陆生哺乳动物的体形大小。[16]一次生育所能产生的后代数量也受到了限制。[17]

但没有哪种恐龙是以胎生方式养育后代的。所有的恐龙乃至全部主龙类都生蛋。作为一种聪明又活跃的动物，恐龙会把蛋产在巢中来孵化，并在幼崽出生后加以照顾，从而尽可能提高后代的成活率。许多恐龙，特别是更倾向于群居的植食性动物蜥脚类恐龙会把巢建在公共群栖地。两足行走的鸭嘴龙类虽然体形较小，但在白垩纪基本取代了蜥脚类，它们同样在公共群栖地筑巢。这样的群栖地曾在陆地上一眼望不到边。雌性恐龙会把自身骨骼所含的钙元素输送给蛋使用，这个习性被鸟类保留了下来。[18]

考虑到产蛋的诸多优势，这种牺牲是值得的。羊膜卵是演化史上的一大杰作，它包括胚胎和一个完整的生命维持舱。蛋中含有足够胚胎孵化的食物，以及一套代谢物处理系统，以确保这个自给自足的生物圈不被毒害。恐龙产蛋的习性意味着它们不必在体内孕育幼崽，省去了很多麻烦和代价。

有些恐龙在蛋孵化以后仍然花费精力照顾幼崽，但它们并不会被这项责任拖累。还有些恐龙把蛋产在温暖的洞穴或杂物堆里，然后留下幼崽听天由命。本应消耗在繁殖和抚育上的能量可以用来做别的事——例如可以生更多的蛋（比任何胎生动物多得多），或者可以利用这部分能量来长得更大。恐龙的生长是很快的。蜥脚类必须尽可能快地长大，一直长到食肉动物对付不了的程度。而作为回应，肉食性恐龙也必须迅速长大。例如霸王龙可以在 20 岁之前长到 5 吨的成年体重，在快速生长期每天可增重 2 千克——这个生长速率远高于它体形较小的近亲。[19]

恐龙及其直系亲属在数百万年时间里积累了飞行所需的一切：羽毛、快速的新陈代谢、能防止体温失控的高效空气冷却系统、轻量化的身体，以及只通过产蛋繁殖的习性。[20]有些恐龙利用其中某些特性做了一些完全不像鸟类的事情，比如长到任何陆地动物都无法超越的大小。但恐龙最终还是做好了飞上蓝天的准备。那么问题在于，它们起飞的最后一步是如何迈出的呢？

这要从侏罗纪开始讲起，当时有一系小型肉食性恐龙正继续向更加小型化的方向发展。它们的体形变得越小，皮肤上的羽毛就越多，因为新陈代谢快的小型动物需要保持体温。这些动物有时住在树上，以便躲避其他体形较大的恐龙。它们中的一些成员发现了利用长有羽毛的翅膀尽量在空中停留的方法，从而成为"鸟类"。

鸟翼属于空气动力面（导流罩）的一种，其工作原理并不神秘。当它在空气中运动时可以扰动气流，这是空气动力面的形状决定的。扰动的结果是一部分气流运动得非常快，而另一部分陷进涡流则相对较慢。综合起来就在翼面上产生了向上的力，其大小与翼的运动速度成正比。这个力被称为"升力"。

要想起飞可以采用两种方法。

第一种是从地面或水中开始。飞行员要以最快的速度迎风奔跑，同时拼命地扑动双翼。理论上讲，如果把双翼固定在水平位置也是可以起飞的，但是没有哪种会飞的动物能跑得足够快。扑动翅膀改变了周围气流的速度分布，从而增加升力，使不可能成为可能。[21]

第二种起飞方法是从高处的栖息地往下跳，让重力产生的加速度发挥作用。如果能直接跳进上升气流（从地面升起的热空气柱）里则可以获得额外的升力，那么起飞就更容易了。

最善于飞行的动物都是很小的，甚至是微观的，风把它

地球生命小史

们带到哪里就去哪里。绝大多数生物本来就很小，它们自远古以来就能以这种方式飞行，包括奥陶纪微风中飘过的早期陆生植物的孢子，霸王龙鼻孔里喷出的病毒，从皮肤上脱落的细菌，飘浮的蛛丝上附着的蜘蛛，微小的昆虫，还有很大程度上被忽略的大气浮游生物——从地表到太空边缘都有大气浮游生物的分布。足够小的生物体如孢子、花粉粒之类不需要翅膀这种特殊器官就能飞起来，一阵微风就能将其吹到几千米外。

但它们也有它们的问题。大气浮游生物不能控制去向，只能任由气流的摆布。体积很小的飞行者如果想要自行控制方向就需要翅膀。但是对于一粒飘浮的尘埃，空气分子的性质对它的飞行影响很大，而对于蜜蜂或苍蝇大小的生物体的影响就没有那么大了。对尘埃颗粒来说，空气像水或糖浆一样是黏稠的，所以飞行更类似于游泳。因此最小的有翼昆虫的翅膀更像是刚毛而不是机翼，它们在空气中像桨一样划动，推动昆虫前进。

对于较大的生物，重力作用会超过空气分子的作用，因此学会飞行的第一步是实现可控的降落。伞降就是一种可控的降落。如果跳伞者能够进行相对水平方向的运动，其距离比垂直下降的距离还远的话，那么他就是在滑翔。滑翔仍然是一种可控的降落。[22]

伞降或滑翔已经被各种动物重复地发明许多次了。有一种"飞蛇"能把身体展开，形成某种单翼。有一种"飞蛙"用巨大的双脚充当降落伞。有许多类似蜥蜴的爬行动物能够滑翔，它们有些如今仍然存在，也有些来自化石记录。这些动物有大幅加长的肋骨，皮肤向身体两侧延伸形成皮膜，有的皮膜内部也有骨骼支撑。最晚在二叠纪时期它们就出现了。今天的许多小型哺乳动物同样非常善于跳伞，比如东南亚的蜜袋鼯和各种各样的"飞行"松鼠。它们在前肢和后肢之间有褶皱的皮膜，可以用来伞降或滑翔。哺乳动物几乎刚一出现就学会了滑翔。最古老的哺乳动物类群之一——贼兽类，在侏罗纪就开始滑翔了。[23] 它们学会滑翔的时间可能比最早的鸟类——始祖鸟（Archaeopteryx）的出现还要早。

所有这些会滑翔的动物都栖息在树上，这应该并非巧合，尤其是考虑到跳伞的能力是多次独立演化出来的。[24] 毕竟对于任何喜爱爬树的动物来说，从树上掉下去的后果是十分严重的。如果它们能演化出一些适应性能力来降低着陆的冲击，让自己不至于马上摔死，就一定能获得自然选择的青睐。[25]

只有小型恐龙才有希望学会飞行，因为正如我们所见，物理定律表明，随着体形增大，飞行所需的动力也会大幅增加。只有体形较小的飞行家才能扑动双翼飞行，体形更大的则只能滑翔。

恐龙的飞行采用的是多种方式的组合——既有奔跑和扑动，也有滑翔和伞降。无论如何，它们飞上天空实属偶然。它们早在飞行的条件还不完全具备的时候，就拥有了长羽毛的翅膀。许多恐龙很早以前就有了成簇的羽毛或翎毛。

但演变成全身覆盖羽毛的只有一支小型肉食性恐龙谱系。这些生物在诸多方面都很像鸟类——它们的上肢可以像鸟类的双翼一样折叠，[26] 也会像鸟类一样孵蛋等[27]。它们之中的一些种类因体形太大无法起飞。[28] 但多数仍长有羽毛，可能是用于隔热、求偶、伪装或其他目的，也有可能是上述几种目的皆有。

最初的飞行不过是短距离的跳跃，包括从地面起跳或者从稍高处起跳。第一批起飞的恐龙飞行技术有限，只够让它们在夜间飞到低矮的树枝上栖息。它们的幼崽由于体形较小，也许能在飞行上走得更远，用短粗的翅膀协助自身爬上陡坡或树干。[29] 上到枝头以后，这些恐龙会如何做呢？即使只有最简陋的翅膀，恐龙也可以在下落的时候用双翼减缓下落速度，甚至偶尔扑动双翼增加升力，从而安全落地。较小的恐龙更容易做到这一点。始祖鸟是标志性的"第一种鸟类"，翅膀上长有全副羽毛，但是胸骨上没有现代鸟类用来固定飞行肌的高耸的龙骨突。因此始祖鸟可能不是很善于飞行，但它应该可以在树木之间作短距离飞行，或者从地面飞上低矮的枝头。

始祖鸟生活在侏罗纪末期，只不过是各种尝试飞行的恐龙中的一员。有些早期的飞行恐龙不是双翼构型而是四翼构型，它们的前肢和后肢上都有羽毛。最著名的是在中国发现的小盗龙（*Microraptor*），它们体形微小，属于驰龙类的一员。[30] 驰龙类和另一类小型且聪明的两足动物——伤齿龙类同属始祖鸟的近亲。和鸟类、驰龙类一样，伤齿龙类也在试验羽毛，或许也在某种程度上尝试飞行。近鸟龙（*Anchiornis*）是伤齿龙类的一种，它和小盗龙一样四肢上都有羽毛。近鸟龙生活在侏罗纪，具体年代早于始祖鸟出现的时间。[31]

许多飞行试验在我们看来奇奇怪怪。其中之一来自一个较小的恐龙分支。它们与驰龙类、伤齿龙类和鸟类亲缘关系很近，体形则相当于从麻雀到椋鸟不等。它们都有羽毛，其中一种名为耀龙（*Epidexipteryx*）的有很长的带状尾羽，[32] 然而其双翼是像蝙蝠一样的裸露皮膜。[33] 这些动物被称为擅攀

地球生命小史

鸟龙类，是一个短命的恐龙族群。它们像蝙蝠一样飞行的尝试像是未能燎原而是走向熄灭的星星之火，而那时第一只鸟还没有孵化，第一只蝙蝠也还没有出生。

飞行演化史的另一个特点是，学会飞行的动物常常试图把这种能力退化掉。[34]

似乎有些鸟类刚刚学会飞行就放弃了飞行。首先，不是所有鸟类都对飞行很擅长。至少有两个完整的鸟类目很久以前就不再飞行了。其中一个目是平胸鸟目，包括各种鸵鸟、鸸鹋、鹤鸵和奇异鸟以及它们的近亲，新西兰的恐鸟类和马达加斯加的象鸟（*Aepyornis*）——这两类鸟在人类首次登陆后不久就惨遭灭绝。另一个目是企鹅目，它们把翅膀变成了鳍状肢，到水下飞行去了。这两个目都极为古老。还有一些鸟类来到了没有陆生捕食者的孤岛上，发现自己不必再努力飞行了。这样的鸟类包括加拉帕戈斯群岛（科隆群岛）上不会飞的鸬鹚、新西兰的鸮鹦鹉和毛里求斯的渡渡鸟。

然而，还有几个类群的鸟放弃了飞行。它们与平胸鸟类无关，灭绝时间也比人类出现要早得多。在白垩纪晚期，曾有一种叫鱼鸟（*Ichthyornis*）的原始鸟类，看起来像有牙齿的海鸥。[35]当时南北美洲被一条水道分隔开，那里附近的海面曾掠过它们的身影，而同时代以无齿翼龙（*Pteranodon*）为代表的翼龙类则在高空翱翔。与鱼鸟相伴的是黄昏鸟（*Hesperornis*），一种体长超过1米的大型鸟类，翅膀几乎完全退化，可能和企鹅一样以捕鱼为生。鱼鸟和黄昏鸟曾游弋于古内布拉斯加海滩。在阿根廷发现的另一种白垩纪鸟类，母鸡大小的巴塔哥尼亚鸟（*Patagopteryx*）似乎也放弃了飞行。此外还有一个被称为阿瓦拉慈龙类的恐龙类群，包含数种体形很小且长有羽毛的生物。它们有很长的腿，但翅膀已经退化为残肢，残肢末端有很大的爪。科学家刚刚发现它们的时候曾把它们认定成不会飞的鸟。[36]

飞行是一种精力耗费颇高的活动。虽然恐龙的身体基础结构从一开始就能满足飞行的各项先决条件，但飞行对它们来说还是过于费力。因此只要条件允许，许多飞行者选择放弃飞行能力也就不足为奇。驰龙科和伤齿龙科中体形较小、能够飞行的成员是它们之中的光辉榜样，但是它们的后裔则变得更大，而且飞行能力也更差了。后期的驰龙类和伤齿龙类则是地上的"卧龙"。

总之，有些鸟类在成为鸟类之前就已经不会飞了。

放弃挑战天空的鸟类倒也没那么多。白垩纪的天空很快充满了无数鸟类的鸣啭啁啾。它们中许多属于反鸟亚纲，这一类群与现代鸟类非常相似，只不过保留了牙齿和翅膀上的爪子。到白垩纪结束时，许多和现代鸟类差别很小的物种已经出现很久了。例如白垩纪晚期的一种水鸟——阿斯忒瑞亚鸟（*Asteriornis*），就是鸡、鸭、鹅共同祖先的近亲。[37]

地质运动仍不停歇。到了白垩纪末期，盘古大陆已分裂为一组我们多少能辨认出来的陆块。身处不同地理位置的恐龙因而各自演化出了独特的种类。这一时期，属于兽脚类的阿贝力龙类通常只在南半球各大洲出现，而包括三角龙在内的角龙类几乎只存在于北美西部和亚洲东部——那时候这两个区域彼此连通，但孤立于其他大陆。[38]

被困在孤岛上的恐龙演化出了许多独特的种类，奇异程度令人想到《爱丽丝梦游仙境》。例如在侏罗纪时期，欧洲像今天的印度尼西亚一样曾是一片热带群岛。那里有一群独特的小型蜥脚类动物，其中包括身长不超过 6 米的欧罗巴龙（*Europasaurus*）。[39]马达加斯加岛在当时和现在都是许多奇异动物的乐园。在白垩纪时期，鳄类在那里占据着很多生态位，甚至包括植食者生态位。[40]

飞翔的恐龙

在白垩纪还出现了有花植物。[41] 最早的有花植物很小，而且像早期四足动物一样离不开水。在高大的针叶林的衬托下，蜡质的白色睡莲给河岸披上了衣裳。

植物很久以前就学会了用种子把胚胎保护起来，但有花植物增加了更多的保护层。和所有植物一样，一个雄性生殖细胞与一个雌性生殖细胞受精以产生胚胎，然而开花植物另有两个雌性生殖细胞，二者与另一个精子结合，三者同行并产生一种名为胚乳的组织作为年幼胚胎的食物。一个保护层把胚乳和胚胎一同包裹起来，最终发育成为果实。在形成果实之前植物会先开花，花可以用色彩和气味吸引传粉者。有的果实本身也有能吸引动物的颜色和气味，它们诱使动物前来吃掉果实，并把种子随着粪便散布出去。

苔藓等低等陆生植物也会引诱动物帮助自己完成受精，它们这样做已经有非常久远的历史，[42] 也许能追溯到植物刚刚登陆的时代。但是它们的行为是朦胧而神秘的，远没有盛开的花朵那般壮观。伴随着花朵的出现，蚂蚁、蜜蜂、黄蜂和甲虫等一大批传粉者也迅速实现了爆炸式演化。从物种数量上说，这些生物统治了今天的地球。有花植物和授粉动物之间的关系复杂微妙，牵涉甚多。它们出现的时候，恐龙时

　　　　　　　　　　地球生命小史

代已发展到巅峰。

恐龙的统治十分牢固，似乎永远不会终结。事实上也的确如此，即使是白垩纪末期印度出现的地幔柱喷发，也未曾使恐龙的世界动摇。除了这次地质事件以外，侏罗纪和白垩纪时期的地球非常不活跃，像是陷入了沉睡。而终结了白垩纪的危机却是迅速而残暴的，它来自天空。

只要看看月球的表面，就会发现无数撞击造成的疤痕。太阳系内大多数岩石天体的表面布满了大大小小的陨石坑。即使是最不起眼的小行星，表面也像撒胡椒面一样密密麻麻布满了微型陨石坑。只有那些不断重塑表面的天体，才能把这些撞击遗迹抹除。[43]

地球也曾多次遭受天体的撞击，但留存下来的陨石坑很少。即使外来天体没有在稠密的大气层中燃烧殆尽而是撞击了地面，留下的痕迹也很快会被风化作用和生命活动所侵蚀。蠕虫在陨石坑壁上钻洞，破坏其结构。植物的根在上面钻出裂缝，把岩石粉碎。海水淹没它们，沉积物掩埋它们，生命侵入它们，直到一切都不复存在。

但要真正改变地球，一颗陨石就够了。大约 6 600 万年前，一次小行星撞击瞬间终结了恐龙的世界。

就像所有突然发生的轰动性事件一样，这次撞击也经历了漫长的准备过程。恐龙已经被瞄准很久了。大约 1.6 亿年前的侏罗纪晚期，遥远的小行星带发生了一次碰撞，撞击产生了一颗直径为 40 千米的小行星——"巴普提斯蒂娜"（Baptistina），以及 1 000 多个碎块。每个碎块都至少有 1 000 米宽，有的则远远超过此数。这些不幸的碎块在整个内太阳系逐渐散布开来。[44]

大约 1 亿年后，其中一个碎块撞击了地球。直径可能有 50 千米的碎块从东北方向直直地俯冲下来，[45] 以每秒 20 千米的速度撞在了今天墨西哥尤卡坦半岛的海岸上，把地壳融化击穿了。撞击先是造成了一阵炫目的闪光，随之而来的是时速 1 000 千米的大风，以及大到无法想象的呼啸声。在整个加勒比地区和北美的大部分地区，一切生命都被摧毁了。裹挟着熔岩的高温暴风吹过地表，把全世界都变成了熔炉，树木全都像火炬一样燃烧起来。海啸先是把整个墨西哥湾的海水全部向外推入大洋，然后海水又形成 50 米高的巨浪冲回尤卡坦半岛的海岸，向内陆奔涌了约 100 千米。

冲击刺穿了远古海底遗留下来的富含硬石膏的沉积物。硬石膏是硫酸钙形成的一种矿物，在撞击作用下它立即转化成了二氧化硫气体。二氧化硫进入平流层形成了云。大量的云和灰尘遮蔽了太阳，让世界陷入持续数年的冬天。等到太阳再次显现，二氧化硫又溶解在雨水里形成强腐蚀性的酸雨，侵害着残存的植物，并溶解了所有的礁石。

到此为止，所有不会飞行的恐龙都消失了。天空中再也见不到翼龙的身影。在海洋中，三叠纪幻龙类辉煌历史的继承者蛇颈龙类和可怖的远洋巨蜥沧龙类一道灭亡了。[46] 伟大的菊石类动物是鱿鱼和章鱼的亲戚，它们有螺旋形的壳，有的能长到卡车轮胎那么大，其世系能追溯到寒武纪。但在此次危机中，它们也全部灭绝了。

撞击形成的陨石坑直径达 160 千米。

虽然四分之三的物种已经灭绝，但是生命又一次恢复了过来。甚至冲击坑的中心也很快出现了生命活动。不到 3 万年，那个位于水下的陨石坑就满是浮游生物。[47] 它们富含白垩的骨骼沉积到海底，把陨石坑的剩余部分掩埋了起来。

继承这个世界的是远古兽孔类的后裔。这些动物与恐龙一样，演化出了高速的新陈代谢能力，但利用方式却与恐龙完全不同。它们是哺乳动物，从三叠纪开始，它们就一直在黑暗中忍耐，如今终于迎来了光明。

8

伟大的哺乳类

在很久以前的泥盆纪，盔甲鱼类的头部后侧有一对骨骼，左右各一。但当时这些鱼类还忙着逃避巨型海蝎子的凝视和追逐，并没有给这对骨骼加以关照。

但它们自有其用处。这对骨骼在软骨质的颅骨与硬骨质的甲壳之间起着支撑作用，位置在第一对鳃裂的上方。

除了这一对骨骼以外，在口和第一对鳃裂之间还有两块软骨起支撑作用。这两块软骨在中间弯曲折叠，形成指向后方的关节，从而形成了颌。颌关节挤占了第一对腮裂的空间，只留下一对小孔，这就是位于颌关节正上方的喷水孔。头部后方的那两块骨现在有三重作用：一是和以前一样支撑颅脑，二是在它的一端锚定控制喷水孔开合的肌肉，三是它的另一端紧压在连接颅腔和内耳的一对左右对称的孔上。

内耳的结构精巧而脆弱，没有它们鱼类会迷失方向，甚至分不清上下。两只内耳左右对称，内部拥有迷宫般的管路，管内充满液体。耳内另有一小团富含矿物质的油灰状物质，连接着内耳纤毛细胞，而内耳纤毛细胞的另一端则连接着神经元。外界环境中的振动会导致液体的振动，进一步扰动油灰状物质，而后者则会牵动内耳纤毛细胞，使与之连接的神经元产生兴奋传递到脑内。这样一来，鱼类立刻就有了方向感：它知道自身奋力前游的同时，贪婪的巨型海蝎子正挥舞着大螯从后方逼近。

这个管路系统对水中的振动十分敏感，它通过一系列排成竖琴琴弦模样的内耳纤毛细胞来捕获声音。外界振动会拨动这些弦，每一根弦都对应着特定的音高。鱼类因此可以听到追逐者隆隆作响的可怕声音。那对一直存在的骨骼除了起支撑作用以外，还可以把振动从外界传导到内耳。

在棘螈等早期四足动物中这对骨骼被称为舌颌骨，生长得十分坚固。它们传导声音的能力不是很强，除了低沉的吼声或远处的雷声以外，别的声音都不能很好地传导。[1]

四足动物最终登陆，暴露在空气中，因而面临着与水中完全不同的声学环境。形成鳃弓的软骨变成了舌和喉部的支撑。只有舌颌骨保持不动，但它们现在专门用于感知声音。喷水孔被薄膜覆盖，这层薄膜就是鼓膜。鼓膜的振动通过舌颌骨直接传导到内耳。由于舌颌骨的新功能，它也获得了一个更气派的名字：耳柱骨（*columella auris*），字面意义是金色的小柱子*。它另一个不那么气派的名字是镫骨。镫骨一端

---

* *auris* 的拉丁文含义是耳朵，和 *aureus* "金币"接近。——译者注

连接着鼓膜，另一端连接着内耳，位置就在所谓的中耳处。[2]

声波扰动鼓膜产生振动，镫骨再把振动传导到内耳。两栖动物、爬行动物和鸟类至今仍用这种方式听声。随着演化进程的推进，镫骨逐渐变得十分轻薄灵敏，足以让动物听到低语，但是这种结构是有极限的。鸟类很善于唧唧喳喳地发出各种声音，自然界一些最响的声音就是鸟类发出的。[3] 但是它们基本听不到每秒振动 1 万次，也就是频率 10kHz 以上的声音。[4]

哺乳动物的拾音方式则不同。它们的中耳不是只有一块镫骨，而是有三块骨骼。从镫骨到内耳到脑的连接照旧存在，但在镫骨和鼓膜之间又塞进了两块骨骼。它们分别是锤骨和砧骨，前者连接着鼓膜，后者连接着镫骨。[5]

这一变化对哺乳动物的听觉造成了重大影响。三块骨骼组成的链条可以把声音放大，同时也对高频声音更为敏感。人类尤其是小孩往往可以听到 20kHz 的声音，这比云雀发出的最高音还要高得多。[6] 但放眼整个哺乳动物类群，人类的耳音不算好的，例如狗能听到 45kHz 的声音[7]，环尾狐猴能听到 58kHz 的声音[8]，老鼠能听到 70kHz 的声音[9]，猫能听到 85kHz 的声音[10]。而与能听到 160kHz 声音的海豚[11]相比，人类几乎是聋的。哺乳动物中耳的三块耳骨的演化为它们打开了前所未有的感官新世界，令其他脊椎动物望尘莫及。

这就好比一个人早已习惯了篱笆墙内的生活，直到有一天，他偶然发现墙上的破洞，来到了外面才知道有更广阔的天地。

锤骨和砧骨是如何起源的呢？

在其他深海动物面前只能逃命的远古鱼类最先演化出了颌，颌关节正位于喷水孔的下方。四足动物将鳃裂的剩余部分演化成鼓膜。巧合的是，颌关节和耳的位置十分接近。

二者不仅仅是位置接近，实际上更是关系匪浅，这是哺乳动物在听觉上大获成功的关键。

颌的最初演化就是因为组成第一对鳃裂的一根软骨从中间弯折，上半部分形成了上颌，下半部分形成了下颌。后来软骨逐渐被硬骨取代，但是还保留着一点残余，称为美克耳氏软骨。这条软骨今天仍然存在，至少在人类胚胎里还能找到它。它是下颌内表面上薄薄的一条组织，随着胚胎发育会逐渐消失。

恐龙等爬行动物的下颌结构比较复杂。它不是由一整块，而是由数块具有各自功能的骨骼构成的。其中齿骨是靠前的一块，顾名思义，牙齿就长在它上面。比较靠后的是关节骨，它和颅骨下方的方骨共同形成颌关节。哺乳动物的兽孔类祖先也有类似的结构。

　　兽孔类逐渐演化成哺乳动物，在这个过程中它们的体形也随之变小。一开始其体形相当于大狗，后来变成类似小狗，再后来是像猫、黄鼠狼、老鼠，直到变得只有鼩鼱般大小。它们的毛发越来越浓密，颌的结构也发生了变化。在整个颌部，齿骨的地位越来越重要，就像杜鹃雏鸟把其他鸟蛋推出鸟巢一样，其他的骨骼要么被齿骨吸收，要么被挤到颌部后面一个小空腔里与镫骨并列。镫骨本身也向后移动了很远，并改用另一块名为鳞骨的骨骼与颅骨铰接。

　　上述变化使得方骨不再起铰链功能。由于靠近镫骨，它成为耳骨的一员，也就是砧骨。关节骨的命运与方骨一样，它成为了锤骨。[12]

　　在哺乳动物的某些祖先那里，颌关节是由齿骨、鳞骨、方骨和关节骨组成的。但这种组合比较别扭。如果方骨和关节骨要逐渐演化为砧骨和锤骨，那么它们需要承担两项完全不同的任务。一项是作为颌关节悬架的一部分，因此它们必须足够结实。另一项是传导声音，因此它们必须足够灵敏。就像无数世代之前四足动物还没登陆的祖先曾经面临的镫骨问题一样，其中的平衡很难把握。

最终方案是把方骨和关节骨放在中耳并给予它们自由度。起先它们还由纤细的美克耳氏软骨固定着，后来这块软骨也退化了，从而让方骨和关节骨彻底与颌分开。中耳的演化让哺乳动物拥有了四足动物前所未见的灵敏听力。

哺乳动物的小型化驱动是中耳演化的直接诱因。[13] 中耳的演化至少独立发生了三次，而不是仅仅一次。第一次出现于澳大拉西亚卵生的鸭嘴兽和针鼹的祖先。第二次出现于有袋类和胎盘类哺乳动物的祖先——这两类动物占今天哺乳类的 99% 以上。第三次出现于多瘤齿兽类，它们是一群看起来很像啮齿类的哺乳动物，起源于侏罗纪，在始新世灭绝。

从兽孔类到哺乳类的漫漫征途开始于三叠纪早期的犬齿兽类。其中一种名为三尖叉齿兽（*Thrinaxodon*）的生物远远看去像是杰克罗素梗犬。除了尾巴短粗，爬行时四肢向外延伸以外，三尖叉齿兽和哺乳动物的相似程度令人惊讶。它有胡须和毛皮。[14] 此外，它还善于掘洞挖土。

三尖叉齿兽的特别之处主要在其身体内部。这种远古生物的齿骨已经占据了大部分下颌，只不过中耳仍然只有一块镫骨。

爬行动物的牙齿比较简单，旧牙齿脱落以后新牙齿就会长出来。但盘龙类更倾向于让牙齿的大小和形状差异化，这样就相当于拥有了一整套餐具，其中每一把都有各自的用途。这一趋势在它们的后裔兽孔类身上继续发展。

值得一提的是犬齿大到不成比例的丽齿兽类。它们的猎物二齿兽类既有犬齿也有角质喙，二者形成了颇有效率的组合。犬齿兽类顾名思义也有犬齿，但它们其余的牙齿也表现出了差异化。哺乳动物具有四种基本类型的牙齿：负责啃咬的门齿，负责刺穿的犬齿，负责切割的前臼齿，最后面是负责磨碎的臼齿。三尖叉齿兽具有门齿和犬齿，但是犬齿后面的牙齿还没有明显分化。

爬行动物的每一段脊椎都连接着肋骨，但是三尖叉齿兽只有胸部才有肋骨。它的肋骨形成了今天我们称之为胸腔的空间，这是哺乳动物独有的特点。这表明三尖叉齿兽可能具有隔肌——分隔胸腔和腹腔的一层肌肉。有了隔肌，动物的呼吸可以变得更为有力和均匀。[15]

另一项关于呼吸的适应性变化发生在鼻子内部。与内鼻孔直接连通腭顶的爬行动物不同，三尖叉齿兽的鼻腔大为延长，几乎与口腔并行，二者在相当靠后的地方才连通。因此空气可以不经过口中的食物而直接从它们的鼻腔进入喉咙。这意味着三尖叉齿兽可以一边进食，一边呼吸。在扩大了的鼻腔里，骨骼形成迷宫般的复杂纹路，支撑起大面积的黏膜。这不仅使动物的嗅觉变得更灵敏，还可以把吸入的空气预热，而且还不耽误吃东西。

拥有了这一切，哺乳动物的祖先成为新陈代谢迅速的活跃生物。它们和恐龙平行演化出了这些性状，但二者的实现方式是不同的。前者是利用隔肌推动呼吸，而后者是用气囊系统。三尖叉齿兽和更晚的犬齿兽用毛皮保存热量，这和小型恐龙类似。由于快速的新陈代谢需要耗费大量能量，它们的进食也不得不变得更有效率。三尖叉齿兽不是把食物整个吞下慢慢消化，也不是像恐龙和鸟类那样用嗉囊或砂囊里的石子磨碎食物，而是利用一边咀嚼一边呼吸的能力，由那副各司其职的牙齿把食物在口中咬成碎片。

从犬齿兽类到早期哺乳动物的转变是一个持续的过程，涉及数个不同的兽孔类谱系。到三叠纪末期，已经出现了在所有重要方面都和哺乳类没有分别的动物。它们的体形很小，典型的孔耐兽（*Kuehneotherium*）和摩尔根兽（*Morganucodon*）可能最多只有 10 厘米长，不比现代的鼩鼱大。它们的中耳已完全成型，[16] 牙齿也分化出了明显的门齿、犬齿、前臼齿和臼齿。

　　臼齿的特别之处在于，它所有的尖头不像鲨鱼牙齿那样排成一条线，而是内外交错形成一个二维的咬合面，上下臼齿的凸面和凹面正好相互对应。这提升了粉碎食物的效率。这些活跃的小动物每天要吃掉相当于大部分自身体重的昆虫，臼齿是它们的又一件利器。在这个久远的时期已经出现了食物偏好上的分化。摩尔根兽可以吃下甲虫等较硬的猎物，而孔耐兽更喜欢吃较软的蛾子之类。[17]

　　高效的咀嚼和呼吸推动了快速的新陈代谢，同时也提高了嗅觉；持续的小型化趋势带来了灵敏的听觉和对高频声音的敏感性；穴居的习惯也保留了下来。这些特性让哺乳动物得以占据一个脊椎动物不曾染指的生态位——夜栖。

　　在许多方面，三叠纪的盘古大陆是个艰苦的地方。这里远离风暴肆虐的特提斯海海岸，大部分陆地被沙漠覆盖，在白天摸一下地面都会被烫伤。孔耐兽和摩尔根兽就生活在北纬 20~30 度之间这样的沙漠里。应对这种环境的最佳策略就是尽量向地下挖洞，在里面躲开白天的热浪，到夜间或者清晨再出来捕猎。这样生活的动物新陈代谢必须很快。爬行动物必须在阳光下温暖身体才能出行，而美味的昆虫往往被恒温的哺乳动物抢先吃掉。由于体温较低，这时候昆虫本身也会变得迟钝，更容易变成盘中餐。

对于白天在黑暗的洞穴中度过，只有夜间在星空下捕猎的动物来说，听觉、触觉和嗅觉比视觉重要得多。而这三者自从三尖叉齿兽以来在兽孔类身上一直在慢慢进步，并在哺乳动物身上达到了巅峰。三叠纪的白天是爬行动物大乱斗，但夜晚却是哺乳动物的游乐场，在接下来的 1.5 亿年里一直如此。

历史上所有的恐龙都是卵生的，哺乳动物也曾经是卵生的。正如我们所知，卵生有明显的优点，可以迅速地繁育大量后代，而不需要亲代投入太多资源。卡岩塔兽（*Kayentatherium*）是侏罗纪的一种类哺乳兽孔类动物。它的体表没有完全被毛皮覆盖，而在它之后所有兽孔类很快就都有了完整的毛皮。卡岩塔兽一次可以产几十只蛋，每一只蛋孵化出的幼崽都像是成年体的缩小版，一出生就可以独立生活。[18]

早期哺乳动物演化出了越来越大的脑，这预示着一项重大变化。它们的幼崽开始变得更符合我们对动物幼崽的印象——发育相对不完全，头部与躯干之比较大，拥有一个飞快发育的脑。要生成和维持脑组织，代价是非常昂贵的，对于生活已经充满挑战的小动物来说更是一项沉重的负担。因此，哺乳动物放弃了一次生许多只蛋的策略，而是选择生下较少的幼崽，同时给它们更多的照顾。雌性哺乳动物开始改造它们的汗腺，从中分泌富含脂肪和蛋白质的物质，给幼崽提供快速生长所需的各种营养。我们称这种分泌物为"乳汁"。产乳汁的器官也叫乳房，它的出现是哺乳动物形成的标志，也是其名字的起源。

哺乳动物的一生相当紧凑。到三叠纪晚期恐龙出现时，它们已经很大程度地完善了小型化技能，过着短暂、高调且活跃的生活。但是，如果它们能够恢复较大的体形，就能缓解能量摄入的压力，特别是考虑到它们现在有较大的脑需要支持。

问题在于当哺乳动物准备好从小型夜栖食虫或食腐动物的角色向外拓展时，恐龙已经高度繁荣并占领了所有的空缺生态位。实际上，有很多恐龙也是聪明活跃的小型动物，对它们来说，哺乳类不仅是竞争对手，也是猎物。

倒不是说哺乳动物没有尝试突围。生命短暂的动物往往也演化得很快。在整个恐龙时代,出现了至少 25 个不同的哺乳动物类群。

哺乳类是勇于尝试、不甘于压迫的动物。虽然在恐龙的统治下它们从未长得很大,但有一些也长到了负鼠甚至是獾那般大小,足以把恐龙蛋甚至是恐龙幼崽偷走。[19] 有些小型的有羽恐龙从树上下到地面生活的尝试,可能就是受到了哺乳类的成功阻击而未能成功。

如果情况属实,这些恐龙在树上还会遇到至少两类哺乳动物,这两类互相独立,但都很像鼯鼠。[20] 对恐龙来说,水里也不安全。体重 800 克的狸尾兽(*Castorocauda*)有类似海狸的扁平尾巴,以及毛茸茸的皮毛和尖利的牙齿,非常适合在侏罗纪的池塘里潜水捕鱼。[21] 马达加斯加一向是各种奇异生物的避风港,那里发现了类似兔子的幸运兽(*Vintana*)和疯狂野兽(*Adalatherium*),它们的眼睛很大,嗅觉灵敏,能够感知到掠食性恐龙引发的任何风吹草动。[22]

在恐龙灭绝的时候,这些一度活跃的动物大部分也随之消失了，只有四个类群幸存了下来。它们是卵生的单孔类动物、有袋动物、胎盘类哺乳动物和多瘤齿兽类。如果向前追溯，每一个类群都有着精彩丰富的演化历程。

单孔类动物虽然是从蛋中孵化的，但其幼崽会哺乳。今天澳大拉西亚的鸭嘴兽和针鼹是典型的单孔类。这些奇特动物是一个古老世系的仅存硕果，它们的祖先在侏罗纪时期分化出来，一度遍布于整个南半球。[23]

今天绝大多数哺乳动物属于胎盘类，它们完全放弃了卵生的习性，改为在体内养育数目较少的幼崽。除了没有外壳，哺乳动物胚胎的结构和其他羊膜动物的卵是一致的。母体以最大的无私奉献精神亲自承担了保护胚胎的任务。和单孔类一样，胎盘类的历史也可以追溯到很远。它们的祖先是侏罗纪森林里的一类小型树栖食虫动物。[24]

在生育策略上，有袋类在产蛋后便撒手不管的单孔类和全面胎生的胎盘类之间精明地找到了平衡。它们的后代虽然在母体内成长，但是胚胎没有长大多少就会出生。然后新生的小家伙会爬过母体的毛发，钻进一个口袋去，吸附在里面的乳头上。它在那里安全地吸吮乳汁，发育成型。这种生育策略是针对缺少食物的贫瘠环境做出的适应性变化。一旦遇到困难，怀孕的有袋类可以放弃它的后代，等待环境好转再生育。

有袋类的历史漫长而辉煌，其化石记录和胎盘类一样古老。[25] 如果处于孤立的大陆，它们往往能够格外兴盛，并演化出一系列奇异的形态。在新生代的大部分时间里，整个南美洲都是它们的领地。虽然非常奇异的贫齿目胎盘类动物——树懒、食蚁兽、犰狳等——也生活在那里，但有袋类才是统治者。当时的陆地之王是袋剑虎（*Thylacosmilus*），它是剑齿虎的有袋类版本。辅佐袋剑虎的是古鬣狗类，它们的体形从狼到熊不等。后来南北美洲两块大陆撞在了一起，胎盘类从北向南入侵，几乎消灭了南美的有袋类。

但是有几种南美有袋类没有放弃抵抗。由大地懒和犰狳做大将，负鼠做先锋——负鼠至今还在美国翻拣垃圾箱——它们居然反向入侵了北美洲。今天绝大多数有袋类生活在澳大利亚，其独特的繁殖方式有利于它们在越来越干旱炎热的澳大利亚内陆地区生活。

总而言之，到恐龙最终灭绝的时候，哺乳动物已经在百万年的演化中锻炼成熟。它们就像开启一瓶陈年香槟酒那样突然爆发了。

然而，等待它们的是灾变后新近成为顶级掠食者的鸟。它们名为骇鸟类，是鹤和秧鸡的近亲。这些鸟体形巨大，不会飞行，头骨像马头一样大。骇鸟类如同霸王龙再世，胆敢走出洞穴的哺乳动物若遇到它们，无不丧命。

但这些恐怖的生物永远尘封在古新世的平原上了。而哺乳动物特别是胎盘类，无论体形还是形态都大有发展。不过，它们的第一波发展浪潮看起来拖沓又混乱，好像是没有想好方向一样。现已消失很久的全齿目、恐角目、熊犬科和中爪兽目既有植食性动物也有肉食性动物的特征。全齿目和恐角目是植食性动物，也是最早大型化的哺乳类。全齿目中的某些成员大如犀牛，最大的恐角目与大象体形相当，虽然它们完全是植食性的，但具有可怕的大型犬齿。[26] 熊犬科动物有熊的犬齿和鹿的蹄子。

中爪兽目也同样是四不像，其成员安氏兽（*Andrewsarchus*）可以与骇鸟匹敌。它长相恐怖，肩高相当于成人，头部宽度相当于阿拉斯加棕熊的头部长度，鼻孔里能吸进一只狼的头骨，可是脚上却长着蹄子。总体看来，安氏兽像是一头发怒的大型猪。[27]

除了遭到小行星撞击以外，白垩纪末期的地球是个温暖宜人的地方，白垩纪结束后温暖持续了一段时间。但是古新世结束，始新世开始的时候，稳定的温暖气候被酷热所取代。热带雨林覆盖了平原，替代了林地。第一波哺乳动物被发展目标更明确的种类取代了。有蹄类动物在始新世首次出现，但这时它们的体形还很小，看起来更像松鼠。它们在参天大树间蹦蹦跳跳，可能要躲避像泰坦巨蟒（*Titanoboa*）——一种体形如同公交车的蛇——之类的捕食者。[28]

一些早期的偶蹄类动物的演化方向最为不可思议。它们回到了水中，成为鲸。而且它们是热情满满地，以相当快的演化速度回到了水中。

"鲸变"的最初线索来自两种陆生掠食者：类似于狼的巴基鲸（*Pakicetus*）和类似于狐狸的鱼中兽（*Ichthyo-lestes*）。它们的下颌相当长且长满了牙，这一特性常见于以鱼为食的动物。它们内耳的结构有多重褶皱，这可能对水下听音更为有利。[29] 游走鲸（*Ambulocetus*）的四肢虽然功能没有退化，但长度较短。[30] 这种动物看起来像海豹或水獭，它与巴基鲸和鱼中兽相比具有更明显的水生动物特征。

没用太长时间，鲸类就完全适应了水中生活，海洋中出现了 20 米长的龙王鲸（*Basilosaurus*）。这种动物很像人类传说中的海蛇，不过仍保留着退化的后肢作为陆生祖先的见证。[31]

鲸类一旦下水就势不可挡，填补了巨型海蜥蜴的生态位。这个生态位自从白垩纪末蛇颈龙类和沧龙类灭绝以来一直空缺着。它们是高度成功的哺乳动物，不仅在所有动物中智力名列前茅，而且种群中诞生了有史以来最大的动物——蓝鲸。也许更令人印象深刻的是鲸类的演化速度：从陆生到水生的完全转变仅仅用了 800 万年。[32]

另一项转变或许更令人吃惊，因为它的所有线索几乎都已经被抹去了。

在白垩纪时期，非洲从南美洲分离出来，与其他大陆隔绝了 4 000 万年的时间。早期接近食虫动物的胎盘类哺乳动物在没有外部干扰的条件下蓬勃发展，辐射演化，以至于从形态上看不出它们的共同祖先是什么样的。[33]非洲的胎盘类是如此多样，雄伟的大象，海牛目——如儒艮和海牛，土豚，马岛猬，金鼹，象鼩和蹄兔，全都是它们的成员。它们同属于非洲兽总目，与之平行的是包括有蹄类、鲸、食肉目、蝙蝠、穿山甲以及余存的食虫动物的劳亚兽总目。劳亚兽总目分布于更靠北的地区。

在任何分类系统下，总有一些类群难以归类。对哺乳动物来说，最难办的是灵长总目。它们是一群活泼好动的家伙，包括小鼠、大鼠、兔子，再加上灵长类。而灵长类与前面的几种动物同属一类貌似有些牵强。这些蹦蹦跳跳的小动物双眼向前，能辨颜色，四肢灵活，大脑发达，有探索欲和好奇心，在始新世热带森林的参天巨木上静静地看着这个快速变化的世界。

时间线 4　哺乳动物时代

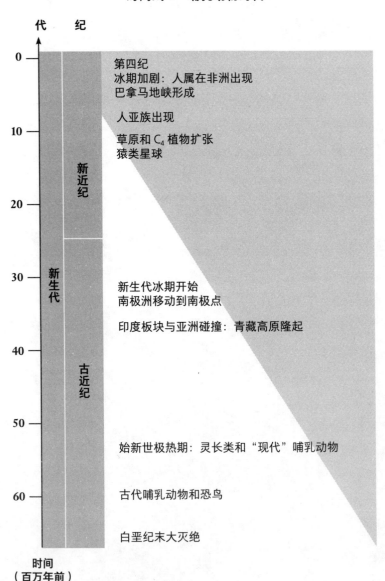

代　纪

0 —

第四纪
冰期加剧：人属在非洲出现
巴拿马地峡形成

人亚族出现

10 —
草原和 C_4 植物扩张
猿类星球

新近纪

20 —

新生代

30 —
新生代冰期开始
南极洲移动到南极点

印度板块与亚洲碰撞：青藏高原隆起

40 —

古近纪

50 —

始新世极热期：灵长类和"现代"哺乳动物

60 —
古代哺乳动物和恐鸟

白垩纪末大灭绝

时间
（百万年前）

9

人　猿　星　球

大陆的漂移像是一出精心安排的舞剧，虽然缓慢但中途不会停息。

南极洲是盘古大陆解体后分离出来的一块大陆，到距今约3 000万年的时候，它已经向南漂移了很远，四周被大洋环绕。看起来这只是一件小事，但地球的气候却从此发生了深刻的长期变化。有史以来第一次，洋流可以不间断地环绕地球运行，并阻止热带温暖的海水抵达一向气候温和的南极洲海岸。这个星球上最险峻的山脉之一——横贯南极山脉上那些树木葱茏的嶙峋山峰逐渐被寒潮笼罩。

终于有一年，冬天的积雪在春天来临后没有完全融化，而是一整年都保持冰冻状态。一个世纪又一个世纪过去了，越来越多的雪逐渐堆积起来，在压力下形成了厚厚的坚冰。南极洲高地的山谷中逐渐出现了冰川。

随着南极洲继续向南漂移，仲夏的太阳越来越低，冬夜也变得越来越漫长。直到有一年，整个冬天都没有见到太阳，整块大陆在黑暗中度过了6个月。大量新形成的冰川从山谷向上蔓延，掩埋了整个山脉。随后冰墙从山脉冲向低地，抹平了所到之处的一切。即使是海岸线，也不能阻挡冰川的前进，它们冲进海洋，在海面上形成了冰架。冰山从冰架上崩解下来漂浮在海上，进一步冷却了周围的海水。

在短短几百万年内，曾经郁郁葱葱的大陆变成了一片干燥、冰冷的荒漠，只有地衣、苔藓等最原始的生物才能在那里生存。甚至这些仅有的生命也仅存于环境最温和的大陆边缘地带。不过，环绕南极洲的海洋倒是一片生机盎然。

很有意思的是，在北极附近也发生了类似的事情。北半球的几块大陆持续向北漂移，包围了北冰洋，阻挡了大部分来自南方的温暖洋流，使之不能抵达北极。就像是在模仿南极一样，北极附近的海域也逐渐开始形成永久的冰盖，只不过规模比南极冰盖小很多。在数百万年的极地冰之后，极地冰盖再次出现在地球上。

全球各地都受到了影响。以往，世界上几乎任何地方都是温暖舒适的，但现在极地和赤道之间的气候差异急剧扩大，同时刮起了大风。气候变得更加多变，季节性更强，总体上变得更加寒冷。

第一批灵长类动物的家园是一个丛林覆盖的星球。[1]这个家园已不复存在。

丛林退化成了一片片孤立的林地，林地之间是大平原，平原上长满了一类新的植物——草。[2]其他植物都是从顶端生长的，但草却是从根部向上生长的，因此即使被反复收割，草也不会死亡。这项奇怪的新天赋很快就被演化出吃草能力的动物所利用。但是，吃草比从前它们食用丛林里的嫩树叶要困难得多。草类富含二氧化硅，这种矿物质成分和砂纸的成分相同，会磨损动物的牙齿。

有蹄类自出现以来就是嫩食动物，但现在它们的颌变得更深，出现了有许多尖端的臼齿，足以磨碎含沙砾的草。它们的体形也越来越大。马和巨型犀牛出现了，它们的蹄声和脚步声响彻平原。

有一些类似河马的小型动物曾经在非洲的沼泽湿地上啃食嫩叶。它们的后裔来到了干燥坚硬的平地，变成了大象。随着时间的推移，它们变得越发强大，并迁移到了无树大草原生活，而掠食者也随之而至。

灵长类动物同样进行了适应性改变。它们中的许多仍在日益缩小的森林中过着越发边缘化的生活，但有一些灵长类动物不再完全树栖，而是会偶尔下到地面。和有蹄类一样，它们的体形也变大了，从蹦蹦跳跳的猴子变成了猿。猿的出现是适应环境的结果。

到了中新世，旧世界*已经成为一个猿类星球。不论是在日益稀疏的小片森林，还是在它们周围的干旱地区，都能听到猿啼。希腊地区有欧兰猿（*Ouranopithecus*）[3]，土耳其地区有安卡拉古猿（*Ankarapithecus*）[4]。森林古猿（*Dryopithecus*）在中欧漫游，原康修尔猿（*Proconsul*）、肯尼亚古猿（*Kenyapithecus*）和脉络猿（*Chororapithecus*）生活在非洲。大猩猩也起源于非洲，它的祖先是脉络猿的近亲。[5]在中国的森林里生活着禄丰古猿（*Lufengpithecus*），在南亚有西瓦古猿（*Sivapithecus*）。西瓦古猿的亲族后来回到了仅存的丛林中，在那里经由泰国的呵叻古猿（*Khoratpithecus*）[6]演变成了猩猩。

这些猿类有的因为体形过大，已经不能轻车熟路地在树枝上跑动。[7]相反，它们采取了别的运动姿态，包括用长臂吊在树枝下面移动，或者爬行和攀爬相结合。随着时间的推移，中欧的河神猿（*Danuvius*）等物种采用了更接近直立的姿势。[8]

从长期来看，这些尝试有的并不那么成功。在后来成为意大利托斯卡纳的一座地中海孤岛上出现了山猿（*Oreopithecus*），它一度尝试过直立行走，[9]但后来还是灭绝了。

---

* 旧世界指亚洲、欧洲、非洲，新世界指南美洲、北美洲和大洋洲。——译者注

地球的变冷仍在持续。森林进一步缩小，大部分存活的猿类不得不进入非洲中部和东南亚的茂密森林避难。[10] 但也有一些物种没有进入森林，而是彻底斩断了与伊甸园的联系。它们为了避免灭绝的命运不得不这么做。这些物种处境艰难，保留了用后肢站立行走的倾向。

到 700 万年前的时候，这些离开伊甸园的后代们进一步习惯了行走，而攀爬技能已变得相对生疏。随着气候逐渐变冷，猴子转变成了猿，现在猿又转变成了别的。实际上地球只不过是在睡梦中翻了个身，可对覆盖地球的生物圈来说却是改天换地，生命只得拼尽全力坚持下去。这种事在地球生命的历史上毫不鲜见。从猿到人是一场漫长的征途，幸存的猿类是在它们完全无法想象的强大力量的驱使下迈出的第一步。

人类各物种在分类上属于人亚族。[11] 人亚族诞生的标志性特征就是他们经常进行直立行走，而不是偶尔为之。最早的人亚族出现于大约 700 万年前的中新世晚期。其中一个成员是乍得沙赫人（*Sahelanthropus tchadensis*），[12] 他们曾经在西非乍得湖的岸边留下过踪迹。乍得湖是当时面积最大的湖泊，整个地区草木茂盛。但随着气候变干的趋势愈演愈烈，大湖如今已萎缩到了只剩很小的一片，四周被不适宜居住的炎热沙漠包围。[13]

乍得沙赫人并不孤单。在距今约 500 万年的东非，出现了埃塞俄比亚的卡达巴地猿（*Ardipithecus kadabba*）[14] 和肯尼亚的图根原人（*Orrorin tugenensis*），[15] 他们和乍得沙赫人一样也用两足行走。灵长类动物的直立行走是一项创新，它和史前人类身上的大多数创新一样都来自非洲。[16]

对我们来说，站立和行走是如此简单，如此自然，以至于我们认为那是理所当然的。许多哺乳动物也可以短时间站立甚至用后腿行走一段，但是它们这样做十分费力，坚持不了多久就要回到四足着地的自然状态。[17] 然而人亚族则不同。直立行走才是人亚族的默认设定，而手脚并用的爬行是不自然且困难的。700 万年前住在非洲的河边林下的一支猿类采用了直立行走的方式，这件事是整个生命历史上最不同寻常、最难以置信也最令人困惑的事件之一。作为直立行走的前提条件，他们整个身体从头到脚都必须重新设计。

脊髓通过一个孔穿过颅骨与脑连接。四足动物的这个孔位于颅骨后侧，而人亚族的这个孔位于颅骨底部。仅仅这一项特征就足以判定乍得沙赫人属于人亚族的一员。具有这种结构的生物用后肢行走的时候，脸不是朝向天空而是向前的，头颅的重心也可以落在脊柱上方，而不是偏向前方。

身体的其他部位也发生了同样深远的变化。5亿年前脊柱刚刚出现的时候，它是一条横梁，承担着拉力。而人亚族的脊柱是一根竖直的立柱，承担的是压力。这是脊柱出现以来最激进的一次演变，直立的脊柱对于自身的力学特性提出了前所未有的要求。看看今天人类如何为多发的脊柱病变所困扰就知道，我们并没有很好地适应这一要求。恐龙是非常成功的两足动物，但是它们的站姿和人亚族的不同。恐龙的脊柱仍然保持水平，同时用一条有硬度的长尾平衡身体。不过，人亚族和猿类一样没有尾，他们只能用更难的方式直面两足行走的挑战。

怀孕的女性则面临着更大的困难，她们必须适应越来越不稳定且不断变化的负荷。这种艰辛在人类演化史上留下了印迹。考虑到在人类历史大部分时间里，成年女性不得不用大量的时间进行怀孕和哺乳以实现种群的延续，[18] 这些印迹也就不足为奇了。更糟糕的是，人亚族的腿往往比猿类的腿长，占身高的比例更大。有了更长的腿，运动会更高效节能，但腿长也是有代价的。女性腹中胎儿离地面的高度也会增加，从而提高了整体重心，增加了不稳定性。

直立行走还有别的困难。人亚族成员在走路的时候必须将一只脚抬离地面，但这会大幅改变重心，因此必须在摔倒之前及时修正重心，而每走一步都要重复这样的过程。这需要惊人的控制能力，必须让脑、神经和肌肉的协同完美无缺，达到不需要有意控制就能行走的程度。

和同时代的一些动物相比，早期的人亚族看起来相当孱弱，但它们实际上是动物界的精英战斗机。四足动物可以缓慢前行，可以快速奔跑，甚至可以迅速转弯，但是做这些动作往往需要一条长尾通过摆动来提供力矩，猎豹狩猎时就是这样。[19] 总体来说，四足行走的动物像是大载荷的运输机，只要面朝正确的方向勇往直前就好。但只有两条腿的人类更像是战斗机，他们通过牺牲稳定性换取了超乎寻常的机动性。只有最好的飞行员才能操纵这样的飞机。人亚族不仅能像恐龙一样行走，还能起舞、阔步走、原地转身甚至用一只脚旋转。

归根结底，两足行走带来了巨大的好处。令人不解的是，人亚族的祖先当初是如何走上这条路的。人亚族是极少数把两足行走当成常规生活方式的哺乳动物，[20] 况且人类只要有一条腿不能正常使用，运动能力就会受到极大损害。这足以佐证两足行走理应是相当罕见的。[21] 可一旦人亚族走上了这条荒僻的路，在自然选择的压力下就不得不迅速把两足行走发展到极致。

人类的行走是现代世界那些未受到应有赏识的伟大奇迹之一。今天，科学家们可以阐明亚原子粒子的微观结构，可以探测几百万光年以外黑洞合并产生的时空波动，甚至可以一窥宇宙的起源。然而，直到目前仍未见有人能造出这样一台两足行走的机器人，其动作优雅自然的程度可与一个普通人相媲美。

依然存在这样一个问题——为什么要采用两足行走的方式？简单的答案是，这只是猿类在数百万年间尝试过的各种独特运动方式之一。除了两足行走以外，猿类还尝试过像长臂猿一样用加长的上肢荡秋千，或者像猩猩那样用能抓握的四肢攀爬，还有像大猩猩那样用指节着地四足行走的独特方式。但人亚族为何选择两足行走而不是其他的移动方式，仍是个悬而未决的问题。两足行走肯定不是在开阔平原上生活所必需的。许多大型猴子，如猕猴和狒狒就住在开阔的地方，它们一直都是四足着地，丝毫没有改用两足行走的意思。

有一种理论认为，两足行走解放了双手，可以用来制造工具或抱婴儿，但这也说不通。因为许多动物没有像人亚族那样彻底成为两足动物，但也可以制造工具和抱婴儿。对于最早的人亚族成员，充其量可以说它们在某种程度上可能已经预先适应了两足行走。它们在树上生活的时候就会用直立的姿势攀爬树枝，而之后在地面上直立行走自然也就比较习惯。也许走路和在树枝上攀爬对人亚族来说相差不多，只不过改为在地上进行而已。

　　无论如何，人亚族的许多成员保留了爬树的能力。始祖地猿（*Ardipithecus ramidus*）是最早的人亚族之一，生活在440万年前的埃塞俄比亚。[22] 其脚趾大且散开，可以像拇指一样抓握，这证明始祖地猿更习惯于在树上攀爬而不是在树下走动。[23] 湖畔南方古猿（*Australopithecus anamensis*）是另一个生活在东非的物种，年代是距今420万到380万年之间。在许多方面，湖畔南方古猿和始祖地猿一样原始，但相对习惯于在地面上行走。[24]

　　湖畔南方古猿在时间上与其他一系列类似物种重叠。其中一种叫阿法南方古猿（*Australopithecus afarensis*），在距今400万到300万年间生活在同一地区，[25] 它们比湖畔南方古猿更加适应两足行走。阿法南方古猿是早期人亚族中最成功的物种之一，分布范围超过了东非，最远曾向西到达乍得。[26] 它们不论走到哪里都和我们人类一样直立行走，[27] 尽管仍保留着爬树的能力。[28]

我们不应从以上信息得出这样一种印象：旧物种不断被新物种取代，同时变得越来越善于两足行走，上天注定理所应当。实际上，人亚族在东非大草原上的分布相当稀疏，它们更愿意生活在既有草地，又有灌木林和茂密林地，还能见到水的地方。[29] 其中有的物种在树上生活得很好，有的则不然。晚至 340 万年前的时候，以地猿为代表的一些人亚族成员仍然住在树上。[30]

因此，对于所有这些早期人亚族来说，日常生活包括直立行走，但也包括攀爬，也许还包括像今天的猿类一样在树枝上筑巢。不仅是栖息地，它们的食谱也相当多样。有些人亚族成员在水果、嫩叶和昆虫的传统食物以外还开始食用坚果和块茎等更坚硬的食物。它们为此进行的适应性演化和大草原上的有蹄动物相似：颧骨扩张以容纳粗壮的咀嚼肌，颌部变深，牙齿变成厚重的墓碑形。这些高度特化的生物有几个种，大致可以归类为傍人属（Paranthropus）。它们在距今 260 万到 60 万年之间出现于非洲。傍人属成员是典型的草原生物，但同一时期还有一些特化程度较低的人亚族成员，它们属于南方古猿属（Australopithecus）以及包括我们人类在内的人属（Homo）。[31] 其中一部分成员喜欢上了更肥美的食物。

大约在 350 万年前的某个时候，一些早期人亚族喜欢上了吃肉——通常是食肉动物捕猎后吃剩下的。早期人亚族没有狮子或豹子那样的尖牙利爪，但是它们开始试着敲碎石头，制造出锋利的石器，发展分割肉类的技艺。[32]

最早的工具只不过是敲碎的石头而已，[33] 但是它们对人类的生活造成了深远的影响。从始新世的树栖祖先那里继承了灵长类特有的敏锐的双目视觉，再加上双手已经解放了出来，人类可以扔出石子打破狮子的头，或者把秃鹫从尸体边赶走，自己享用肉类。通过用这些简单石器切割肉类或捣碎植物，人亚族成员在学会烹饪之前，就已经大幅增加了从食物中吸收能量的效率。[34] 毕竟生物总是需要为了不受挨饿之苦而想尽一切办法。用石器还可以敲碎骨头得到骨髓。骨髓和肉都富含重要的蛋白质和脂肪，而且比坚果和富含纤维的根更易于消化，吃起来不必嚼上半天。食用肉类和脂肪的人亚族牙齿变得更小，咀嚼肌也变得更纤细了。它们用省下的能量发展了更大的脑，而节省出来的时间也可以做些别的事，没必要花在寻找食物和吃东西上。

然而，饥饿并未远离。有些人亚族成员在闲暇之余想到，新鲜猎物的肉会也许比其他动物吃剩下的肉更肥美。它们学会了制作更好的工具。

最重要的是，它们又迈出了革命性的一步，其意义不亚于森林里的远古祖先学会直立行走。它们学会了奔跑。

时间线 5　人类出现

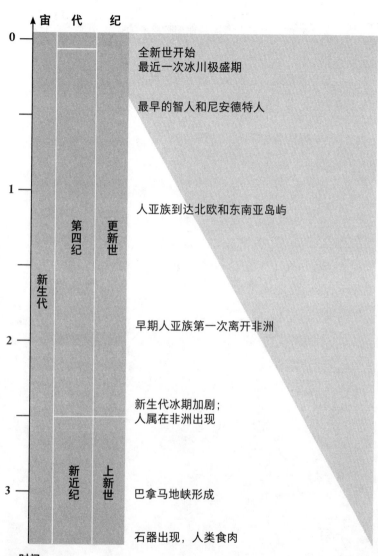

宙	代	纪	
			全新世开始 最近一次冰川极盛期
			最早的智人和尼安德特人
	第四纪	更新世	人亚族到达北欧和东南亚岛屿
新生代			早期人亚族第一次离开非洲
			新生代冰期加剧； 人属在非洲出现
	新近纪	上新世	巴拿马地峡形成
			石器出现，人类食肉

时间
（百万年前）

10

走 遍 世 界

地球缓慢变冷的趋势经过 5 000 多万年的发展，即将到达最低点。一切都已经准备就绪。

在遥远的南方，环绕南极的洋流把南极洲封锁在寒冰之中。在北极附近，各大陆聚拢在一起，把北冰洋囚禁在另一个寒冷地狱之中。但真正的挑战还在后头。

从太空传来了死亡的钟声。这一次不是像结束恐龙时代的那种突然冲击，而是在地球绕太阳运行的模式上发生了一系列难以察觉的微小变化。这方面的变化一直在默默地发生，但是它们对地球居民的影响几乎总是微不足道。然而这一次不同了。

地球绕太阳运行的轨道不是完美的圆形，而是略呈椭圆形。假使轨道是正圆，那么地球到太阳的距离会是恒定的。但由于轨道是椭圆形，地日距离会在一年当中发生波动，有的时候比较近，有的时候比较远。轨道偏离正圆的程度用偏心率表示。地球轨道的偏心率会变化，这是由地球与环绕太阳的其他行星之间的引力相互作用决定了的。

地球到太阳的距离最近为1.47亿千米，最远为1.52亿千米。这点差距在茫茫宇宙中不算什么。但有的时候地球轨道的偏心率会变得更高，也就是以更扁的椭圆轨道环绕太阳，最近时距离只有1.29亿千米，最远可达1.87亿千米。时扁时圆的地球轨道看起来像会呼吸一样，其每一个呼吸周期都要持续10万年。轨道越扁，地球的气候就越极端，因为它时而更靠近炙热的太阳，时而更远离太阳进入遥远黑暗的深空。

与此同时，地球自转轴的倾斜角度也会相对于其绕太阳的公转面进行摇摆。

季节更替和地球上不同的气候带都是地轴倾斜造成的结果。在北半球的夏季，北极以偏离垂直方向23.5度的倾角朝向太阳，这意味着高于北纬66.5度的地区[1]，也就是北极圈一直沐浴在阳光下。同理，在北半球的冬天，北极背向太阳，一直笼罩在黑暗中。在南纬66.5度的南极圈内，情况完全相反。北纬23.5度的北回归线和南纬23.5度的南回归线之间是太阳在正午能够垂直照射地面的范围。

目前地球的自转轴倾角是23.5度，这是一个令人满意的适中数值。自转轴倾角在21.8度到24.4度之间以约41 000

年为周期交替变化。倾角的大小会影响季节交替。如果倾角较大，平均来说夏天会更热，冬天会更冷；北极和南极的范围将会扩大；北回归线和南回归线也将分别向极地移动，太阳在夏至日能直射到更高的纬度。也就是说，地球的气候变得稍微更极端了一点。如果地球自转轴倾角小于 23.5 度，则气候总体上较为温和。

第三种周期性运动是岁差，或称地轴进动。它是指地球自转轴本身的旋转，就像陀螺转动时它的旋转轴方向也在转动一样。自转轴的转动比地球每日一圈的自转要慢得多，周期大约是 26 000 年。如果观察足够长的时间，可以看到地极在天空中划出一个圆形。目前地球的北极大致指向位于小熊座的北极星，这也就是北极星得名的原因。但是由于岁差，北极星的位置将由北方天空中的另一颗亮星，即天琴座的织女星取代。[2] 再过 13 000 年，不论谁都将看到这一点。

三种周期性运动互相叠加，导致地球上任意一点的阳光照射量存在周期性变化。宏观结果是，大约每 10 万年地球就会经历一次寒潮。[3]

地球轨道周期性地呼吸、摇摆和倾斜已经持续了极长的时间，但其造成的总体影响是很小的。至少到250万年前的时候还不曾有过明显的效应。在此之前的历史中，地球上的一些事件，如大陆的合并和分裂，以及随之而来的海洋和大气化学成分的改变，对生命的影响要比天体运动大得多。不过在250万前的时候，陆块的分布恰好放大了天体运动导致的周期性效应，而不是压制这种效应。

　　极地已经存在的冰盖为接下来的事件提供了有利条件。天体的周期性运动和大陆漂移共同作用，使整个星球进入了一系列的冰期。开始的几次冰期还算温和，但后来的冰期平均而言更加严酷。我们今天仍处于冰期的循环之中。每一次冰期大约持续10万年，两次冰期之间是1万~2万年的间冰期。在间冰期气候会短暂地大幅回暖，即使是在高纬度地区，也会有热带的感觉。

　　最近的一次寒流中最冷的时刻是在26 000年前。当时北美洲东北部大部分被掩埋在劳伦太德冰盖之下，而科迪勒拉冰盖则覆盖了北美洲西部。欧洲西北部的绝大部分地区被斯堪的纳维亚冰盖禁锢着。从阿尔卑斯山脉到安第斯山脉，所有山脉都在冰川之下呻吟。北半球未被冰川覆盖的地区主要是大风呼啸的干旱草原和苔原，几乎看不到树木。

　　冰川固定了大量的水，当时的海平面平均高度比现在要低 120 米。今天我们所处的温暖期已经持续了 10 000 年，现在的海平面高度要比过去 200 万年的平均值高很多。

冰期带来的气候变化往往发生得非常快，说这些变化是颠覆性的也毫不为过。前后对比最明显的是不列颠。大不列颠岛位于欧亚大陆的西侧边缘，因而对海洋的变化和盛行的西风非常敏感。50 万年前，不列颠曾被埋在 1 英里 * 厚的冰层之下，然而到了 12.5 万年前的时候，气候却变得相当温暖，在泰晤士河岸边有狮子捕鹿，在北部蒂斯河附近都有河马嬉戏。4.5 万年前，不列颠又变成了无树草原，冬天有驯鹿出没，夏天有野牛活动。[4] 距今 2.6 万年的时候，气候又过于寒冷，连驯鹿也一度绝迹。[5]

这些急剧的气候突变也受到洋流乃至冰层本身的调节。

今天的大不列颠岛虽然纬度较高，但气候相对温和。主要得益于一股从百慕大附近出发，一路往东北方向流动的温暖洋流。这股洋流途经大不列颠岛。它经过不列颠到达格陵兰地区时，会被来自北极的海水冷却，把热量散失掉。由于冷水比暖水的密度大，洋流会下沉到海底重新向南移动。这

---

* 1 英里≈ 1.609 千米。——编者注

就是世界深海洋流系统的一部分。

不列颠的气候对北上洋流具体在哪个纬度冷却下沉极为敏感。假如这股洋流位置向南偏移，不列颠就会比现在冷得多。在冰期最冷的时候，暖流最多到达西班牙就不会继续向北前进。结果造成当时不列颠的气候和拉布拉多北部相仿，而不像现在的不列颠那样温和。

驱动世界深海洋流系统的不仅有热能，也有盐度。向东北方运动的北大西洋暖流盐度越高，密度也就越大，抵达格陵兰岛的时候，它就越容易沉入海底。洋流还受到一个因素影响，即漂浮的海冰含盐量往往低于海水的含盐量。[6]

上一次冰期的末尾出现了这样一个问题：当时整体的气候趋势是变暖，导致劳伦太德冰盖上崩解出了大量冰山。冰山把大量的低温淡水带进了北大西洋，导致海水盐度降低，减缓了洋流下沉的速率。[7]因此在整体变暖的趋势当中出现了一系列短暂的寒潮时期。

冰本身是非常明亮的，能够反射阳光。冰越多，反射回太空的阳光就越多，地面得到的热量就越少，能够融化的冰也就越少，从而导致更多的阳光被反射。这样就形成了正反馈循环。

由于上述这些因素，气候变化的规律不像周期性的天体运动那样完美而可预测。有的时候，气候变化会非常突然。

在最后一次冰期当中，欧洲的气候与北极的相差无几，但大约 10 000 年前冰期结束的时候，在一代人的时间内气候就变得相当温和。

　　在大陆边缘地带和极地附近，气候的转变最为剧烈。热带地区也能感受到气候变化的影响。在热带非洲，人亚族各物种生活在大草原和森林边缘地带，为生存而努力着。即使是在它们最黑暗的梦中也没有冰原这回事，它们眼前的问题是干旱气候的加剧。

　　这场干旱发生得相当突然，时间大约在 250 万年前。[8]

　　树木枯萎了。

　　猎物变得更少也更善于躲藏。定位和捕猎它们变得更加困难。

　　人亚族不能再继续以漫不经心的态度生活，这里挖个块根，那里捡些腐肉。它们必须变得更专业。傍人属的几个物种坚定地继续以挖掘为生，它们能用有力的颌咬碎坚果和块茎。但是对它们来说生活却越发艰难。随着时间的推移，它们的游群越来越罕见。大约 50 万年前欧洲北部和北美洲被埋在厚重的冰层下的时候，傍人从非洲大草原上消失了。

　　但在那个时候出现了一种新的人亚族成员，它们与之前的所有人亚族都大不相同。它们是到那时为止人亚族当中最高的，也是最聪明的。它们沿袭了几百万年以来的两足站姿，并将其完善。傍人是专门的素食者，其他人亚族有时采集，有时食腐肉，但这个新物种却成为大草原上的捕猎者。

我们赋予这种生物的名字是直立人（*Homo erectus*）。

与更早的人亚族成员相比，直立人的身体基本架构大为不同。顾名思义，直立人站得更高更直，髋部较窄，腿占身高的比例也更大，因此能更为高效地行走。它们的臂长与身高之比更小，因为攀爬在直立人的日常生活中没有那么重要。虽然人亚族已经有 600 万年两足行走的历史，但它们总是部分保留着爬树的能力。直立人是第一种完全依靠两条腿生活的人亚族成员。

生活方式的改变带来了一系列变化。直立人的食谱包含更多肉类。正如我们所看到的，肉类比植物更容易消化，也能提供更多的营养和卡路里。直立人的肠道较短，而且有余力让脑容量得以扩充。食谱的改变对后者甚为重要，因为脑的运行需要大量能量。人类的大脑占体重的十五分之一，但消耗的能量却占全身的六分之一。

由于肠道更短，直立人的腰身比较分明，不像它们的祖先那样大腹便便。它们的髋部更高更窄，可以更方便地转动上身。与此同时，它们的头抬得更高，脖子也更明显。所有这些意味着直立人发展出了一项新技能：它们学会了跑。具体姿势是迈开双腿的同时朝反方向摆动双臂，头和双眼一直对准目标。

跑是非常重要的。直立人在短跑方面不如猎豹或黑斑羚，但它们耐力良好，在长跑上相当出色。它们可以耐心地追逐大型猎物，一千米又一千米，一小时又一小时，直到猎物因为热衰竭而倒下。[9]

这些猎人比它们的猎物耐热得多。其中部分原因在于直立人的毛发量远少于其他哺乳动物。直立人的毛发又细又短，但并未改变毛发的分布。在毛囊之间有大量汗腺，可以通过蒸发汗液来冷却身体。毛发更多的动物做不到这一点。

尽管身怀绝技，但这些瘦高少毛的猎人想要单独制服一头羚羊仍是不可能的，即使是一头濒死的羚羊也不行。在人亚族的历史上，个体之间互相合作从来没有像这时候那么重要。

凝聚力是外出打猎时必需的，但却是在家中居住时培养出来的。

猎狗等许多在开阔地带生活的捕食者都是社会性动物，直立人也不例外。直立人有性展示、极端暴力和烹饪等社会性行为。

在演化的某个阶段，直立人部落纷纷学会了用火。它们发现用火烹饪食物不仅能提供美味，也能促进社会交流。当时它们没有意识到的是，与生食相比，吃熟食能得到更多的营养，也能避免感染寄生虫和其他疾病。使用火的部落[10]比不用火的部落寿命更长，身体更健康，也能生育更多的后代。最终那些不使用火的部落都灭绝了。

部落的存在意味着直立人在某种程度上有领地意识。在所有的哺乳动物中，灵长类的暴力行为是最常见的，它们甚至会进行谋杀。[11]而人亚族又是灵长类里最凶残的。但是人亚族不仅善于暴力，也善于爱。这些特性以及它们的社会结构、对性和社会等级的展示，都是这些少毛的热带猎人本性的一部分。

拥有较少的毛发绝不仅仅是有利于散热。由于两足站立再加上毛发较少，早期人类的私密部位会暴露在别人的视野内。这种公开的性展示或许可以解释一个令人困惑的事实，那就是按照体重占比来算，人类男性的阴茎比其他猿类大得多。

性展示的行为以及群体凝聚力的重要性也许可以解释，为什么人类女性的乳房在任何时候都是突出的，而不仅仅是在哺乳期才能看到。其他的雌性哺乳动物只要不是在泌乳期，乳头会萎缩到几乎看不见。

与之相似的是，无论人类女性是否在排卵期，其生殖器外观都没有变化。其他灵长类动物的雌性外生殖器通常会在发情期明显肿胀，因而群体的所有成员都清楚地知道它能否生育。然而人类女性能否生育是属于她自己的秘密，外人是绝对无法得知的。

其他哺乳动物的雄性和雌性会在每年的特定时期公开交配。它们这样做的部分原因是展示和加强社会地位。但人类没有所谓的"交配季节"，而是在一年的任何时候都可以生育（或不生育），而且更愿意在其他社群成员看不到的时候发生性关系。

虽然人类具有高度的社会性，也十分善于社交，但他们更倾向于形成稳定的配偶关系来养育后代。人类的交配制度形式各异，但一般来讲总是由一男一女结合在一起，形成持续许多年的二人纽带，以满足抚养孩子的需要。雄性和雌性的体形大小差异被称为两性异形或性别二态性。相对来说，人类的性别二态性是有限的，这反映了他们相对稳定的配偶关系。在那些一只雄性占有许多雌性的动物当中，雄性的体形总是比雌性大很多。

今天的大猩猩正是如此。大猩猩是一种组成小群体生活的猿类，群体的首领是一只很大的雄性，它同时占有许多只雌性。[12] 平均来说，人类男性比女性体形更大，但差别相对较小。人类的性别二态性更多体现于体毛和皮下脂肪的分布，而不在于体重。

如果人类形成稳定的伴侣关系，那么，为什么人类男性有这么大的阴茎，为什么女性的乳房总是突出，似乎两性个体总是在炫耀自己能够交配？相反，为什么女性的生殖器不论能否生育都不显眼？既然发生性关系是在私下进行的，那为什么还要隐藏发情期？如果配偶关系是完全稳固的，那么这一切都没有任何意义才对。

答案是，尽管一夫一妻的组合最适合人类养育后代，但人类的不忠行为比通常所想象的要普遍得多。有这样一种说法是抚养一个孩子需要全村人帮忙，就人类的孩子而言更是如此，因为他们出生时尤为弱小，发育程度较低。

如果没有人能完全确定某一个孩子的父亲是谁，那么人们就更能接受家庭之间的合作。这种合作关系也促进了狩猎队伍当中雄性个体之间的战友情谊。由于无法确定谁是哪个孩子的父亲，雄性不只是为自己的小家庭狩猎，而是为整个部落狩猎。

在许多方面，人类在社会和性方面的习俗更像鸟类，而不像其他灵长类。许多鸟类也是社会性动物，有领地意识，沉迷于性展示。它们同样生活在家庭单位中，年长的后代在

地球生命小史

离家自寻领地之前会帮助父母照顾弟弟妹妹。许多鸟类在公开场合展现的是稳定的配偶关系，但当雄鸟外出打猎时，雌鸟也不会放弃与其他雄鸟偷情的机会。这意味着雄性永远无法确定自己抚养的后代哪些是亲生的，哪些不是。[13]

面对这种情况，雄性倾向于两面下注。在人类社会中，最好的策略是与其他男性合作。说到底，不忠行为促进了男性的"合作"，也让整个社会"团结"在一起，尽管表面上还是维持着一夫一妻。

直立人很像我们，但是相似之处可能只是表面现象。如果细看直立人的眼睛，我们不会有看到同类的熟悉感，只会觉得那是一双狡猾的掠食者的眼睛，更像是鬣狗或狮子。[14]这种人性的缺乏令我们感到不安。

大多数哺乳动物出生后就迅速成长，尽可能地迅速繁殖，一旦繁殖力耗尽就会死亡。直立人也是如此。它们的孩子成熟得很快，没有人类特有的漫长童年。[15]它们会任由死去同伴的尸体腐朽而不做任何处理。直立人没有任何对来世的概念，也不会去想象天堂和地狱。最重要的是，它们没有老祖母来给它们讲故事并且保存部落传统。

但是，不能忘了——直立人制造了最美丽的手工艺品：那些美丽精湛、近乎宝石模样的泪滴形石器。它们通常被称为手斧，是阿舍利文化的标志性物品。[16]

手斧与众不同的地方在于，不论它是在哪里被发现的，也不论它是用什么材料制作的，其形式总是差不多。只有直立人制作这种手斧，这或许表明这种石器虽然无疑非常漂亮，但却是由直立人根据预先设置好的固定程序制作出来的。它们制作手斧就像鸟类筑巢一样不需要思考。假如在制作过程中，直立人在凿开燧石的程序上犯了个错误，它不会试着修补做坏了的手斧，也不会试着把手斧另作他用。它只会把失败品简单丢弃，然后取一块新的燧石从头来过。

这种非人性的表现令我们不寒而栗，尤其是考虑到现代人至今没完全搞清楚手斧究竟是做什么用的。有些手斧的大小合适，可以方便地握在手中用于切削，有些却过大无法用于切削。不管怎样，为何一定要制作这种复杂又漂亮的手斧呢？只要从燧石的边缘上打下一片足够锋利的碎片，就可以将其用于猎物剥皮或者从骨头上剔下肉来。如果是为了投掷石头打击猎物或敌人，那又何必大费周章把石头做成手斧然后再扔出去？即便是使用投石器，也没有这个必要。

我们会习惯性地认为工艺品都是为了满足特定的用途而被设计出来的，而且只要看一眼就应该能猜到是什么用途。豪尔赫·路易斯·博尔赫斯（Jorge Luis Borges）在他的短篇小说《事犹未了》中写道："看到一样东西，首先要对它有所了解。扶手椅以人体关节和四肢为先决条件，剪刀则以剪断的动作为先决条件。灯盏和车辆的情况也是如此。野蛮人看不到传教士手里的《圣经》，旅客看到的索具和海员看到的索具不是一回事。假如我们真的看到了宇宙，我们或许就会了解它。"[17]

对于除了人类自身以外的一切精密构造物，我们往往习惯于给它们赋予某种意识性的指向，或者说赋予某种目的。这种倾向是人类独有的，很符合人性，但也会给我们造成认识上的误区。实际上只要看一下蜂巢、白蚁丘或鸟巢的例子，我们就能意识到构造物未必包含目的。

另一方面，直立人有时也会做一些在我们看来很像人类的事情，比如在贝壳上划出条纹。[18] 至于这些条纹有何目的，我们并不知晓。直立人有可能也掌握了用帆船或独木舟在开阔海域航行的技术——没有什么比其中反映的探索欲更符合人性的了。此外，正如我们所看到的，直立人是第一种能控制和使用火的人亚族成员。

也许直立人的所作所为和所思所想还包括更多，总之它们的出现是演化之力对约 250 万年前那次气候突变所做出的回应。它们没有像残余的猿类那样撤回到日益缩小的森林里，在那里把生活过成回忆往昔的主题公园；[19] 也没有像傍人那样在越来越贫瘠的大草原上争取一线生机，最终仍不免失败；直立人比其他人亚族成员走得更远，但在无情的地球上它们也只是勉强维持而已。

最后，第一个离开非洲的人亚族成员就是直立人。

到距今 200 万年的时候，直立人已经遍布于整个非洲大陆。[20] 但它们并不安于现状。由于气候变化，森林面积进一步缩小，非洲、中东、中亚和东亚的大草原连成了一片。无尽的草原上遍布着猎物，直立人一路追随着猎物的踪迹走到了陆地的尽头。

早在 170 万年前，也许更早，它们就已经在遥远的中国追逐兽群了。[21] 75 万年前，位于北京郊区的周口店附近的直立人养成了穴居的习惯。随着直立人的扩散，它们进一步地演化。[22]

直立人留下了许多后裔，[23] 它们彼此差异巨大。有的会被认为是巨人，有的会被认为是霍比特人，有的像穴居人，有的像雪人。最重要的是，我们人类自身也和某些直立人的后裔相似。这种多样化的演化趋势历史十分悠久。170万年前在高加索山脉的格鲁吉亚曾有一个直立人部落，其成员各式各样，五花八门。在我们现代人看来，甚至很难想象它们都属于同一物种。[24]

150万年前，许多直立人部落进入了东南亚的岛屿。它们只需要步行，就能到达那里。当时海平面相当低，东南亚的大部分地区是旱地，陆地要比现在广阔得多。现在的东南亚有许多岛屿，它们是那一地区部分被海水淹没后形成的。直到10万年前，爪哇岛还有直立人存在。[25] 由于海平面上涨，加之茂密的森林再次出现，这些最后的坚守者被困在那里。

直立人甚至有可能目睹了其后裔——现代人——抵达东南亚。[26] 假如两个物种彼此见过面，结果对直立人来说一定会很糟糕。因为在现代人看来，直立人似乎只是一种神秘的巨型森林猿，和猩猩及其近亲巨猿（*Gigantopithecus*）一同并存于当地土生物种的行列。

自从抵达东南亚岛屿以后，直立人的演化方向可谓变幻莫测。许多部落由于海平面上升被困于孤岛，和大陆隔绝，向各自独特的方向演化。正当大陆上的直立人在中国东部点燃星星之火的那个时期，一个部落来到了菲律宾的吕宋岛，在那里以猎杀当地的犀牛为生。[27]

这个部落的成员被孤立以后演化成了吕宋人（*Homo luzonensis*）。[28] 这个物种不仅体形极小，在许多方面也很原始。由于热带雨林又一次蓬勃发展，吕宋人回归了树栖生活，它们至少存活到了 5 万年前。第一批现代人抵达的时候，这些非洲大草原猎人的非典型后代一定曾在树枝上用不解和恐惧的目光注视着新的"入侵者"。

另一群直立人来到了爪哇以东的弗洛勒斯岛，等待它们的命运也同样荒诞。

它们在 100 多万年以前就到了那里。这本身就令人惊讶，因为那时候它们不可能像别的直立人一样步行登岛。弗洛勒斯岛距离大陆较远，即使在海平面最低的时候，那里与大陆之间也隔着很深的海峡。

它们有可能是偶然到达的，也许是被风暴吹上了岛，也有可能是被地震或火山喷发引起的海啸卷进大海，然后抓着草木或别的什么碎片漂上了岛。毕竟，各种极端事件在这一地区并不罕见。这种假说也解释了为什么东南亚最偏远的岛屿上也有动物和植物存在。

它们还有可能是乘坐某种船只到达了弗洛勒斯岛。可能是一种用于近岸捕鱼的船只被风暴吹离了航线，带它们来到了岛上。

不管是怎样抵达的，它们上岛以后体形同样逐渐变小，[29]成为我们所知的弗洛勒斯人（*Homo floresiensis*）。它们灭绝于大约 5 万年前，时间和其菲律宾远亲差不多。[30]弗洛勒斯人身高不足 1 米，但保留了祖先制造工具的能力。它们制作的工具的尺寸也变得更小以适应较小的手。

这种小型化的趋势并不罕见，困于孤岛的物种常常发生奇怪的变化。有小型动物变大的，也有大型动物变小的。

弗洛勒斯岛上的各种巨蜥是科莫多龙的近亲。它们演化出了巨大的体形，足以令最勇敢的现代人生畏，更不用说对于身高 1 米的弗洛勒斯人了。岛上有些大鼠甚至长到了小猎犬那么大。[31]

在冰河时代，海平面涨落频繁，因此许多岛屿都有自己独特的小型象。弗洛勒斯岛也不例外。或许直立人来到那里就是为了搜寻大象，然而在漫长的时间里，猎人和猎物的体形都变得更小，以适应岛屿上的生活。[32]

弗洛勒斯人的脑非常小，即使相对于其体形也是如此。非洲大草原上的人亚族开始食肉的时候，它们就发现维持脑组织运转的代价非常昂贵。弗洛勒斯人为食物匮乏所困扰，连基本生存也面临挑战，以至于自然选择青睐于那些体形变小的个体，因此更需要它们的脑用更少的资源去做更多的事。脑容量较小并不一定意味着智力较低：鸟类当中，乌鸦和鹦鹉是出了名的聪明，尽管它们的大脑还没有坚果大。弗洛勒斯人制造的工具虽然没有超越直立人的工具，但也不比它们的差。

在弗洛勒斯岛、吕宋岛，几乎可以肯定还有其他地方，直立人只要被孤立就会变小，让我们以为是矮人或霍比特人。

但在其他一些地方，它们变成了巨人。

直立人在西欧变成了先驱人（*Homo antecessor*），这个粗犷的物种远远地离开了祖先温暖的大草原。大约 80 万年前，它们向北探索，在英格兰东部留下了手斧甚至是脚印。它们的迁移距离大幅刷新了当时人亚族的最高记录。[33] 先驱人非常粗壮，但奇怪的是它们看起来却令我们感觉很熟悉。先驱人比任何直立人甚至是冰期穴居人的顶峰——尼安德特人——都更像现代人。我们现代人的相貌有古老的源头，基因也一样。正是在先驱人身上，我们发现了现代人遗传亲缘关系的最早迹象。[34]

稍晚些时候，在欧洲其他地方出现了海德堡人（*Homo*

heidelbergensis）。在欧洲腹地遗留下的骨头和工具表明，它们无疑是一个强大的物种。海德堡人狩猎用的标枪发现于德国，这些标枪在我们看来像篱笆柱。一同出土的还有一些石器，此外还有马被宰杀的遗骸。这些遗物的年代在大约 40 万年前。[35] 它们的矛不是用来突刺的，而是用来投掷的。其中一根长 2.3 米，最宽处直径近 5 厘米。要想在战斗中举起并使用这些武器，一定需要很大的力量。一根来自英格兰南部的胫骨 [36] 与现代成年男性胫骨的大小相似，但密度要大得多，也厚得多。这表明该个体异常健壮，体重超过 80 千克。在欧亚大陆的另一端，中国东北的雪地里也曾有人健步如飞，它们的身高放在现代人里也算大个子。那个时候地球上的确曾有巨人存在。

显然，这些欧洲和亚洲的直立人后代为了应对冰河时代越来越严酷的环境进行了适应性变化。曾经非洲大草原上身材苗条的长跑运动员正在变成另一种生物，以适应北方的严寒。

大约 43 万年前，一个部落在西班牙北部的阿塔普埃尔卡山脉 [37] 的洞穴中定居下来。它们在诸多方面看起来很像人类，脑容量和现代人的脑容量差不多，但是表情却沉重而坚毅。它们对那个阴冷荒凉的世界的看法更加悲观，这是由于

它们有更加深沉的内心活动。它们学会了埋葬死者，至少不会把同伴的遗体和别的东西一起随意摆放。它们把死者遗体扔进山洞后面的一个深坑中。这些人是最早的尼安德特人。[38]

要说明生命是如何适应环境挑战的，尼安德特人或许是比直立人更好的例子。它们看起来畸形且丑陋，但是极为适应在欧洲北部冷风肆虐的荒原上生活。它们的确稳健地生活了30万年。在自己的家园里尼安德特人行动方便，文化的演变也不大。高于现代人的平均脑容量让它们善于思考，心思深沉，而且它们会埋葬死者。

在洞穴深处躲避着冰期的严寒狂风，尼安德特人就着微弱的阳光发展了一些精神追求。在法国一个深埋于地下、不见日光的洞穴中，它们用打碎的钟乳石和熊骨建造了一个圆形的结构。[39]没有人知道这是出于什么目的，但这些17.6万年前的神秘构造是人亚族最古老的建筑。

尼安德特人与它们身体灵活又健步如飞的直立人祖先形成了鲜明的对比。尽管遗骸和遗迹遍布从欧洲最西端经过中东直至西伯利亚南部的广大地域，但单独的尼安德特人群体从不会离家很远。面对着人亚族从未经历过的极端气候，它们只为了寻找食物而短暂地进行户外活动，与此同时却培养了更为丰富的内心活动。这一点有些像H. G. 威尔斯（H. G. Wells）作品中住在地下的莫洛克人。

同时，它们的一些近亲盯上了更高的地方。

30多万年前，中亚的一个尼安德特人分支抬头看到了青藏高原。除了极地以外，那里可能是世界上最不适合人类居住的地方——空气寒冷稀薄，狂风呼啸，积雪终年不化。当太阳照耀时，它就像是冰蓝色穹顶上一只灼热的眼睛。然而一群人亚族认为它们有能力在这世界的屋脊上讨生活，于是就这么做了。它们登上了高原，同时演化成了丹尼索瓦人。[40] 在人类传说中，青藏高原有雪人出没。[41] 丹尼索瓦人不禁令人联想到雪人，但是它们的年代要比传说中雪人出现的年代早得多。

直立人及其后裔征服了旧世界，甚至可能探索了新世界。[42] 大约5万年前，地球上生活着许多人类物种。在欧洲和亚洲有尼安德特人，而一些丹尼索瓦人的后裔已经离开了贫瘠的青藏高原，迁徙到了东亚的高地。[43] 它们每到一个地方都很好地适应了环境。不论是幽深的洞穴、茂密的丛林、孤悬的海岛，还是平原和高山，都有它们的踪影。直立人也仍然在爪哇岛过着平静的生活。

然而，这些人类演化的进展都将被一扫而空。到冰河时代结束时，整个人亚族只有一个物种幸存。这个物种和直立人一样也来自非洲。

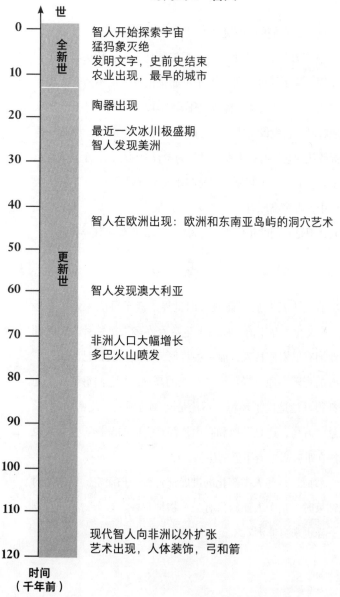

时间线 6　智人

世	时间（千年前）	
全新世	0	智人开始探索宇宙 猛犸象灭绝 发明文字，史前史结束
	10	农业出现，最早的城市

更新世

- 陶器出现（约20）
- 最近一次冰川极盛期
- 智人发现美洲
- 智人在欧洲出现：欧洲和东南亚岛屿的洞穴艺术
- 智人发现澳大利亚
- 非洲人口大幅增长
- 多巴火山喷发
- 现代智人向非洲以外扩张
- 艺术出现，人体装饰，弓和箭

时间（千年前）

11

史前史的终结

大约70万年前的地球上，每一次冰期比两次之间的温暖时期要长得多。整个星球几乎处于永久的封冻状态。每一次间冰期却非常炎热而短暂。

生命不仅存活了下来，而且变得更为繁盛。欧亚大陆没有被冰层覆盖的地区是绿色的大草原，生长着巨量的野生动物。在春天和夏天，野牛成群结队地迁徙，有时形成几百万只的兽群，其队伍从头看到尾要好几天。加入迁徙队伍的有马和长有宽阔鹿角的驼鹿，有猛犸象、乳齿象等象类，还有不停发出鼻息声和跺脚声的披毛犀。到了冬天，动物的数量也没少太多。那时虽然许多动物都会向南迁徙，但雪地中还会有驯鹿的身影。大量的动物像磁石般吸引着狮、熊、剑齿虎、鬣狗和狼等食肉动物，以及坚韧耐寒的直立人后裔。

为了适应越来越严峻的冰河时代，人亚族扩展了自己的脑和脂肪储备。

这件事情本身就很了不起。正如我们所观察到的，维持脑运转的代价非常昂贵。大自然的经济学原理通常要求脑子发达的动物尽量削减体内脂肪——反正它们可以运用智慧及时找到食物以免匮乏。只有那些较为迟钝的哺乳动物才有积蓄脂肪的必要。但人类却是个例外。[1] 最瘦的人类也比最胖的猿类储存着更多的脂肪。聪明的大脑加上良好的保温层，人类足以应对冰河时代无尽的严寒。

脂肪还有其他用途。人类两性之间的区别主要体现在脂肪分布上。按照重量计算，成年男性的体脂率通常为16%，而成年女性的则为23%。这是一项显著的差异。体内蓄积的能量是怀孕和生育的必要前提，尤其是在食物匮乏的时候。因此，自然选择更青睐那些体态丰满、曲线圆润的女性，因为她们繁衍后代的前景最好。[2]

然而，更大的脑也会带来问题。脑容量的增加导致人类婴儿的头部变得更大，以至于出生成了一件难事。新生儿的头必须在母亲骨盆的挤压下旋转90度，然后才能通过阴道降生。直到不久之前，产妇在分娩过程中都不得不承担相当高的死亡风险。新生的婴儿是弱小无助的，但假如他们在胎儿阶段发育得更完全，更能适应外部环境，那么可能会因为个子太大而无法通过产道，根本无法出生。9个月的怀孕期本身是胎儿和母亲之间艰难的妥协结果。前者需要尽量发育以适应外部世界，而后者不能一直等下去，否则就是与死神同行。

这个妥协的双方都不是受益者。人类的新生儿处于完全无助的状态，即便出生过程顺利且母亲没有在分娩中死去，他们仍然需要多年的抚养才能长大成熟。这样的物种似乎应该很快灭绝才对。对此，人类的解决方案是戏剧性的，不是在生命的开篇，而是在其终章。这个解决方案就是绝经。

绝经是专属于人类的演化创新。全体哺乳动物乃至一切动物，一旦太老而不能再繁殖，则往往会很快死亡。然而，人类女性在中年时期失去生殖能力以后，还有几十年的寿命。她们还可以为社群做出贡献，从而间接地养育更多的孩子。

在新生儿大脑扩大，变得更加弱小无助的同时，老祖母出现了。[3] 这些绝经的女性可以帮助自己的女儿抚养孙辈。自然选择的逻辑并不在乎是谁把孩子们养大的——只要他们能长大就都一样。事实证明，停止生育而帮女儿抚养孙辈的女性，相比继续生育且不得不和自己女儿争夺资源的女性，平均而言能养育更多的后代。天长日久，依靠老祖母抚养孩子的人类群体能够把更多孩子抚养到生育年龄，而无法利用这一宝贵资源的人群逐渐灭绝了。通过合作，人类解决了母子之间艰难的妥协带来的问题。

生育会显著地消耗生命，一般来讲多子和长寿不可兼得。但是通过在中年停止生育，人类女性不仅增加了后代的数量，而且还活得更久。结果就是，脑容量越扩大，寿命就越长，直立人的预期寿命可能只有20多岁，尼安德特人和现代人则有40多岁。

人类男性和女性面临着不同的演化压力，但他们共享同一套基因。这导致了事实上的两性战争，有些基因面临着方向相反的两种选择压，也就是一个基因两个主人。结果是产生了另一种妥协。因为女性需要较多脂肪用来生育，所以男性的脂肪也变多了，但没有女性多。因为女性演化出了绝经和长寿的性状，所以男性也更长寿了，但不如女性长寿。[4] 这样就在人类社会中产生了一个新的阶层：长者，其中包括男性和女性。在发明书写之前，长者一直是人类知识、智慧、历史和故事的宝库。

在演化历史上第一次，一个物种的知识传承超越了亲子相传的范围。许多动物都有学习的能力。鲸和鸟可以从其他鲸和鸟那里学习歌唱，小狗可以从别的狗那里学习游戏规则，人类婴儿可以通过无意识地模仿其他人学习语言。人类的独特之处在于，他们是唯一不仅会学习，还会主动去教授知识的动物。[5] 是长者让这一切成为可能。当年轻的部落成员养育婴儿或外出打猎的时候，生产力较低的长者们正忙着把积累的知识传递给下一代的孩子。孩子们的童年期很

200   地球生命小史

长（由于他们出生时发育程度较低），有充裕的时间学习各种知识。抽象的信息成为人生存的保障，其重要性不亚于卡路里，结果导致人类呈爆炸性发展。而这一切都开端于灵长类为了适应冰河时代扩大了脑容量，并积累了脂肪。

比起日渐寒冷的欧亚大陆，干旱的非洲同样严酷。干枯的大草原逐渐变成了干燥的沙漠，其间点缀着海市蜃楼一般转瞬即逝的小水塘。生存就是在不停地挣扎。在这里，额外的脂肪存储也是一项优势，这一点和冰原附近的生活是一样的。为了适应干旱，人类演化出了类似盛衰轮回的新陈代谢模式。他们可以几天不进食，一旦有了猎获便一直吃到撑，甚至走不动为止，以尽量多地吸收营养，争取坚持到不知什么时候会有的下一餐。人类对进食很有热情，每次进餐都像在吃最后一餐一样。[6]

尽管总是面临着灭绝的危险——或许正因为面临着灭绝的危险，直立人在非洲的后裔多样性依旧很高，其他大陆上的后裔也是一样。[7]之后在大约 30 万年前，就在第一批尼安德特人正努力适应欧洲的寒冷时，一种新的人亚族成员在非洲出现了。他们数量稀少而分散，彼此之间差异明显，分布于整个非洲。[8]我们若是看到这些人类，那种感觉应该像是看到了镜子里的自己。他们就是我们人类这个物种，即智人（*Homo sapiens*）的开端。

然而抛开面孔不谈，这些新生命并不像表面看起来的那么像人类。那时的智人还没有经历风雨的磨炼，而现代人是从超过 25 万年的失败中走出来的。智人历史的前 98% 都是令人心碎的悲剧故事——假如有幸存者来讲述的话。毕竟在某一时期，几乎所有智人都消失了，这个物种一度处于濒临灭绝的境地。

然而，在智人的旅途中，其基因库获得了一点非洲和非洲以外其他人亚族的 DNA（脱氧核糖核酸）作为补充。智人是个有许多祖先的物种，每个祖先都往混合物里加了一点点独特的元素。最终他们克服重重困难获得了成功。

智人在很早的时期就走出过他们熟悉的非洲，在 20 万年前他们曾进入欧洲南部，并在 18 万年前和 10 万年前两次进入黎凡特 *。⁹但这些行动的踪迹就像沙漠中的水渍一样很快消失了。智人仍然是热带物种，他们更像是从气候温和地区前来观光旅行的。如果说非洲的条件是严酷的，欧亚大陆

---

* 这里指的是地中海东部自土耳其至埃及地区诸国。——译者注

的条件自然更为严酷。何况，即便智人坚持定居下来，他们通往欧亚大陆的门也被尼安德特人把守着。那时尼安德特人正处于全盛期，文化方面比智人发达得多，而且已经习惯了长年寒冷的欧洲，不怕和智人打持久战。即使尼安德特人注意到了智人，也会认定他们不过是短暂拜访，很快就会像夏日清晨的薄霜一样消失。

在智人的非洲腹地，情况也没好到哪里去。事实上随着冰河时代的持续，这一新物种的生存条件在不断地恶化。智人的游群本来就不多，后来在许多地方陆续消失了。他们要么灭绝了，要么和其他人亚族混血，但是他们混血的后代也没有幸存下来。终于有一天，赞比西以北的智人不复存在。仅存的智人被限制在今天卡拉哈迪沙漠西北角、奥卡万戈三角洲以东的一片绿洲里。

在冰河时代早期，这里曾是一个草木茂盛的地区。这一地区的水源地马卡迪卡迪湖面积最大时相当于瑞士。随着非洲逐渐变得干旱，大湖变成了一系列小湖、水道、湿地和林地。长颈鹿和斑马曾在这里漫步。

大约 20 万年前，在动荡中仅存的智人在马卡迪卡迪湿地的池塘和芦苇床中找到了避难所，就像许多年以后阿尔弗雷德国王藏身于埃塞尔内沼泽一样——他在那里重新集结队伍，找到了心灵的慰藉，烤糊了一些蛋糕，再次出发打败了丹麦人并夺回了威塞克斯王国。如果说英格兰开端于埃塞尔内，那么也可以说马卡迪卡迪湿地是人类的根。假如世界上有伊甸园，伊甸园就在这里。[10]

　　智人就像丑小鸭一样在马卡迪卡迪湿地隐居了 7 万年。他们重新走向世界时，丑小鸭已经变成了白天鹅。

　　在数万年的时间里，马卡迪卡迪湿地是一片绿洲，周围的环境则是干燥的沙漠和盐田，而且变得越来越不适宜居住。因此一旦智人定居在那里，离开就远非易事。在距今 13 万年的时候，太阳光的强度比之前一段时间稍微有所增加。在周期性变化的轨道偏心率、地轴倾角和岁差的联合作用下，地球上出现了相当温暖的间冰期，并持续了数千年。

　　欧洲的巨型冰川短暂地消失了，气候条件变得与热带相差无几。在这个时代的不列颠，特拉法尔加广场上有狮子在嬉戏，剑桥有大象在吃草，相当于今天的森德兰城有河马在打滚。非洲的气候也变得温和了。智人忽然发现，环绕马卡迪卡迪的沙漠已经变成了草海。

　　他们追逐着猎物及时走了出去。所谓及时，是因为马卡迪卡迪不久之后就完全干涸了。今天那片地区是一片盐土荒漠，只有蓝细菌之类的低等生物，像是时光回到了地球生命史的初期。

智人游群一路向南，抵达了非洲最南端的海岸。在那里他们发展出了一种全新的生活方式：利用海洋所富含的蛋白质。对于那些依靠坚硬的树根、无法稳定收获的水果以及警惕性超高的猎物来维持生计的人来说，海洋是一场难以想象的盛宴。这里有富含蛋白质等必需营养且完全不会逃跑的贝类，有咸而味美的海藻，还有比黑斑羚和瞪羚更容易捕获的鱼。

在经历了漫长的苦难之后，这些早期的赶海人像是集体长出了一口气。他们安定了下来，开始做一些人类从未做过的事。在宴会上，他们为彼此戴上了贝壳珠项链。他们用木炭和红赭石在身体上涂色。[11] 他们在鸵鸟蛋壳上刻上了交叉线条的图案，也用赭石把图案画在石头上。[12] 固然，尼安德特人甚至是直立人有时也在蛋壳上刻字，但这些智人以更高的热情进行了更多的创作。

起初，这些技术像磷火一样，短暂闪烁一会即告消失，似乎是人类忽然忘了其中的技巧或者对其失去了兴趣。但是随着人口的缓慢增长，技术发展得越来越深化，人类也越来越习惯使用这些技术，因而最终将此作为一项传统确立了下来。这些赶海人制作石器的方式与之前的人类不同。他们不是凿开石头制作能握在手中的石器，而是精心制作了更小的、在火中硬化的器具，并安装在长柄或箭头上。他们发明了投射武器，使用这种武器可以远距离杀死猎物，而不必冒搏斗的风险。[13]

还有一些人离开了伊甸园，不是向南而是向北离去。他们像恺撒跨过卢比孔河一样跨过了赞比西河。他们到达东非时，在那里遇到了从非洲最南端迁移过去的同类。这些移民带来了他们的装束和贝壳项链，以及最重要的弓箭。这次会面产生了爆炸性的结果。东非的智人人口大幅扩张，从少数游群增长到足以抵御某些灾害的数量。[14] 到距今 11 万年的时候，他们又一次走遍了非洲，并且踏上了离开故土的旅程。

就像夜里发生了火灾，忽然警铃大作一样，大约 7.4 万年前苏门答腊岛上的多巴火山爆发了。这场灾难为地球上几百万年来所仅见。[15] 相对温暖的时期本来就有结束的迹象，由于这场灾难的出现更是戛然而止。火山喷出的岩石碎片像雨点般落在整个印度洋地区，有些甚至远至南非海岸。[16] 数百立方千米的火山灰被抛入大气层，让全世界突然陷入了冰期般的寒冷之中。

如果这场灾难发生得更早，也许会将新生的人类从地球表面彻底抹去。但事实上，智人甚至连脚步也几乎没停下。人类这个物种此时已经沿着印度洋沿岸扩张了很远。在印度已经出现了制作燧石工具的人类，[17] 这些人最远到达了中国南部和苏门答腊岛——那里正是火山爆发的地点。[18]

人类离开马卡迪卡迪的绿洲之后，第一个目标就是海岸。后来人类离开非洲时，一开始也是沿着海岸前进，穿过阿拉伯半岛南部和印度，进入了东南亚。当气候允许时，他们也会沿着河流进入内陆的草原地带。

我们不应该把这件事想象为另一场"摩西出埃及记"。相反，人类走出非洲更像是许多微小事件的组合，只是这些事件叠加起来，从宏观上看好像是在实现某种预定的计划。人类并不是憧憬地望着地平线，以一系列的英雄壮举走向某种天定的命运。每个人类个体的一生都不会离家太远。是人口膨胀的压力促使部分人离开，另寻他处定居——也许只是到下一个海岬那里去。如果遇到严酷的气候，他们还有可能走回头路。临近的各个部落往往结成一张关系网，在节日的时候他们会聚集在一起唱歌跳舞，互相交流故事，选择配偶。人类和其他灵长类一样，雌性找到配偶以后就会离开祖先的家园，到配偶的家里去生活——那里可能是需要渡过一条河或翻过一座山的远方。[19]

因此，人类的迁徙不是单一的大事件，而是一系列的小事件，但是在整体上还是有规律可循。人类迁徙的节律与地球轨道导致的周期性气候变化相吻合。具体地说，是和21 000年的岁差周期相吻合。[20] 人类是追随着天上的星星迁徙的，但是在不同的时间里他们看到的星星各不相同。

整体来看，人类这个物种在某些时期旅行的意愿最为强烈。在10.6万到9.4万年前，他们横穿了当时气候适宜的阿拉伯半岛南部，进入了印度。在8.9万到7.3万年前，他们抵达了东南亚的岛屿。5.9万到4.7万年前这段时间是一个移民高峰期，更多的人类穿过了阿拉伯半岛进入亚洲，并且登陆了澳大利亚。[21] 最后，在4.5万到2.9万年前，人类占领了整个欧亚大陆，包括高纬度地区，并试探性地进入了美洲。同时也有一些人类回到了非洲。

这些时期的气候足够温和，有利于人类迁徙。在这些时期以外，人类也不是哪里都不去。有些时候人类群体会被分开。例如，在多巴火山喷发后的干冷时期，非洲的人类就与南亚的人类一度隔绝，他们要再过1万年才能再次见面。

在迁徙的途中，他们遇到了其他人亚族成员。这种情况发生得不多，其结果也难以预料。有些时候双方认识到了彼此不同，选择开战。而有些时候他们会问候远道而来的兄弟姐妹，并意识到双方毕竟没有那么大的不同。他们通过讲述故事和交换配偶彼此建立了联系。现代人在黎凡特遇到了尼安德特人，双方发生了混血。结果就是，所有祖先不完全来自非洲的现代人都携带一些尼安德特人的 DNA。[22] 迁徙到东南亚的智人从当地也得到了一些基因。丹尼索瓦人是山地居民的后裔，但早已适应了低地生活。丹尼索瓦人的基因从高山老家向外传播了很远，现代东南亚和太平洋岛屿居民携带着这些基因。奇妙的是，现代西藏人能在世界屋脊的稀薄空气中生活无碍，也是缘于来自雪山的丹尼索瓦人留下了临别礼物。[23] 丹尼索瓦人作为一个独立的物种消失在 3 万年前，它们被智人迁徙的浪潮完全吸纳了。

大约在 45 000 年前，现代人类终于挺进了欧洲。他们从东边的保加利亚和西边的西班牙、意大利同时进入。[24] 统治欧洲 25 万年的尼安德特人击退了此前所有的智人，但这一次它们自身的数量急剧减少。距今 40 000 年的时候，这个曾经的冰河时代典范物种灭绝了。[25]

尼安德特人灭绝的原因备受争议。它们可能曾与现代人交战。二者肯定发生过混血。[26] 有可能是因为现代人生育比尼安德特人快得多，日常活动范围可能也大得多，所以后者未经多少斗争就退出了历史。[27] 最终，欧洲的智人如此之多，仅存的尼安德特人只得蜷缩在分布于西班牙南部[28] 到俄罗斯北极地区[29] 的一些偏僻堡垒中。它们数量太少也过于分散，已经无法寻找到同类配偶。[30]

尼安德特人的数量一向不多，随着其数量进一步减少，近亲繁殖和小概率事件的后果开始显现。人类社会如果成员少到一定程度，总会无法延续而走向灭亡，再没有别的什么因素比这更确定无疑的了。[31] 最终，和进攻者结合成了尼安德特人的唯一选择。后人在罗马尼亚的一处洞穴中发现了4万年前的人类颌骨，DNA 显示此人的曾祖辈中就有一个尼安德特人。[32]

现代人从东欧出发，沿着多瑙河上行，在其源头附近发展了繁荣的文化。[33] 他们制作了各种雕像，有动物、人类和头是动物模样的人类雕像，甚至还有可以挂在洞穴壁上的野鸭浮雕。[34] 他们还制作了许多肥臀丰乳的怀孕女性雕像。这体现了一个从未远离饥饿的社会对于丰饶和生育力的强烈渴求，也是一种向超现实力量的倾诉。

动物的图像几乎同时出现在欧亚大陆两端的岩壁上。与法国和西班牙著名的洞穴壁画相呼应，在印度尼西亚的苏拉威西岛和加里曼丹岛（婆罗洲）也发现了类似的壁画。[35] 这些壁画也是宗教性的。洞穴艺术往往被设置在洞内能发生声学共振的地点，它们很可能与音乐和舞蹈共同作为宗教仪式的一部分。[36]

当人类成年时，萨满会邀请他们来到这些特殊地点，举办正式加入部落的仪式。在仪式上，新人会用赭石或炭灰在身上涂色，在洞壁上留下手印：在生命之书上留下自己的记号，告诉世界"我来了"。

在 45 亿年的无意识混乱之后，地球上诞生了第一个有自我意识的物种。这个物种想知道的是，接下来要做什么？

12

从未来看过去

所有繁盛、幸福的物种都是相似的，濒临灭绝的物种则各有各的不幸。[1]

　　气候变化让森林退化成小片的树林，树林之间被草原隔开。形成的场面像是无尽的草海上漂浮着若干树林的孤岛。

　　随着冰盖的融化，陆地被水淹没，只有从前是山顶的地方形成露出水面的孤岛。

　　那些挣扎求生的旧世界残党又发生了什么呢？

　　一些群体利用孤立的环境，演化出了奇异的新形态。弗洛勒斯人和它们的猎物矮象都是我们可以想到的例子。还有许多种群没能在孤立的环境中生存下来。它们可能是因为找不到足够的水和食物，也可能是难以找到配偶，又或者是只能找到近亲作配偶，使整个种群因为近亲繁殖而退化。[2] 还有的物种干脆无法适应新环境，而是试图沿袭旧环境中形成的习惯。[3] 个体一个接一个地死亡，或因遗传疾病，或因年龄，又或者因为意外。种群中后代数量越来越少，直到降为零，种群也就灭绝了。

由于曾经连成一片的栖息地被分割成了碎片，每个碎片上居住的孤立种群各自面对着各自的困难。如果其他种群都未能克服困境而消失了，那么剩下的唯一种群也就更容易因为当地一些极为特殊的局部性灾难而灭亡，从而导致整个物种灭绝。这种灾难可以是任何事情，也远远比不上小行星撞击或地幔柱喷发这类大型事件。举例来说，它有可能是一场泥石流摧毁了种群唯一的食物来源，或者是建筑工地的推土机铲平了物种最后的避难所这种无聊的事件。

其他一些物种可能看起来数量众多，没有理由担心自己即将灭绝。但经过更仔细的研究我们会发现，这些物种早已透支了生命之书上的额度，是必定要灭绝的，看起来像是在盛年就上了死神的名单。也许它们在早已习惯的栖息地数量丰富，但只要栖息地进一步缩减，即使只是小幅缩减，也会导致最终的灭绝。毫不夸张地说，这样的物种活在借来的时间里。例如，对于钙质草地上蝴蝶和飞蛾的消失，更好的解释是数十年间它们的栖息地逐渐缩小，而不是当前的栖息地消失。[4] 这些物种背负了所谓的"灭绝债"。[5]

还有一些物种，出于某种原因，会降低其繁殖率，导致世代更替率低于死亡率。

在推动许多不同物种走向灭绝这方面，智人发挥了重要作用。同样，这些导致物种灭绝的因素可能也会波及智人本身。

远古时代的大规模灭绝事件是如此遥远，以至于我们很难从一片混乱和干扰中梳理出单个物种的故事。

例如，二叠纪末大灭绝事件发生的根本原因是西伯利亚熔岩柱上涌，向大气释放了大量温室气体，导致温度剧增，空气和海洋被毒化。但无论这次灾难多么恐怖，无论各种生物受到了哪些共同的磨难，每一个动物，每一株植物，每一只珊瑚虫和盘龙都是以自己的方式死去的。大灭绝归根结底是所有生物非正常死亡的总和，其中每一次死亡都是一出独立的悲剧。

大约 10 000 年前的更新世末期，在整个欧亚大陆、南北美洲和澳大利亚，所有体形大于大型犬的动物都消失了。它们灭绝的根本原因可能是人类捕猎过于贪婪，也有可能是因为更新世时期常见的剧烈变化的气候。最有可能的是，两者兼而有之。

不过，更新世末期的灭绝事件比二叠纪末大灭绝在时间上离我们近得多，留下的痕迹也更为新鲜，可以进行更加细致的研究。我们甚至可以追溯个别物种的命运轨迹。[6]

例如，冰河时代有两个标志性的物种——大角鹿（又称爱尔兰麋鹿）和长毛猛犸象。这两个物种的栖息地规模在短短几千年内大幅缩小，这一变化和气候突变以及它们赖以生存的植被突然衰败是同时发生的。[7]人类的狩猎最多是加速了它们迟早要发生的灭亡。大角鹿和猛犸象虽然已经没有了，但是它们留下了丰富的化石。我们可以可靠地确定这些化石的年代，从而精细地描绘出它们衰落和灭绝的过程。倘若它们是二叠纪末灭绝的动物，我们也许只能简单地说它们消失了，仅此而已。

年代更近的物种灭绝时间可以被非常精准地确定。最后一只野生的牛——原牛（*Bos primigenius*）——于 1627 年在波兰被射杀。由于持枪的人越来越多，它的灭绝是不可避免的。即便如此，原牛的灭绝仍然是最尖锐、最特别也最令人痛心的。原牛曾经在整个欧洲繁衍生息，数量庞大，最后却灭绝于枪手的一颗子弹下。相比之下，本书撰写时，北方白犀牛（*Ceratotherium simum cottoni*）还与我们同在。为了避免仅存的个体不被枪手的子弹打倒，我们已经做出了巨大的努力。然而它们整个物种只剩两只，而且都是雌性，所以灭绝只是时间问题，而且时间已经不多了。

实际上，原牛和北方白犀牛的情况有所不同。原牛属于牛科。牛科是哺乳动物几大分支之一，这个科还包括山羊、绵羊和各种羚羊。许多牛科物种仍在蓬勃发展，如果不是因为人类，也许原牛也不会灭绝。但是犀牛属于奇蹄类，历史可以追溯到渐新世。那时它们和其他奇蹄类动物十分兴旺，但之后就进入了长期的衰落。奇蹄类远远竞争不过包括牛科在内的偶蹄类动物——自然也竞争不过原牛。人类只不过是加速了北方白犀牛必然结局的到来，而这一结局早在人类出现之前就已经注定。

自从地球进入一系列的冰期至今已经有 250 万年了，而且冰期还将继续数千万年。冰川已经反复形成和消融 20 多次，造成的气候剧变为始新世以来所仅见，但这还仅仅是个开始。每一次冰川的前进和后退都会造成游戏规则的变动，从而导致一些物种灭绝，但也导致另一些物种的兴盛。有些物种在这个周期兴盛一时，但可能在下一个周期就会消失。[8] 在冰川期彻底结束之前，像这样的冰期 – 间冰期的轮回还要再继续近百次。

智人在当前这个周期占据了天时地利。在约 12.5 万年前的上一次温暖时期，这个物种飞跃式地发展出了自我意识。在之后漫长的寒冷期，智人利用海平面较低的有利条件进行迁徙，登上了许多原本孤立的海岛。

在大约 26 000 年前的冰川极盛期，人类已经在旧世界各地安营扎寨，甚至跨越海峡进入了新大陆。[9] 只有马达加斯加岛、新西兰、南极洲和一些较偏远的海洋岛屿还没有受到人类脚步带来的冲击，但人类进入这些地方也只是时间问题。[10] 在智人扩张期间，其他人族成员都消失了。智人是存活到最后的、唯一的物种。

自有人类以来的绝大部分时间里，他们以采集和狩猎为生。人类和所有聪明的觅食者一样熟知采集和狩猎的最佳地点。在冰川极盛期过后不久，由于人类反复前往同一地点采集有用的植物，自然选择的压力让这些植物演化出了更能吸引访客的果实和种子。不晚于 23 000 年前，人类已经学会磨碎野生小麦和大麦的种子，以获得面粉并制作面包。[11] 10 000 年前的更新世末期，世界上几个不同的地区基本同时出现了农业。[12]

自那时起，人类的数量急剧增长。当前，人类这一物种消耗了地球上所有植物光合作用产物的四分之一。[13] 这样大规模的占有不可避免地导致了数百万个其他物种的可用资源变少，其中一些因此濒临灭绝。

然而，人口增长主要是最近的事。现在还活着的人仍记得世界人口呈指数形式增长的现象。在我的有生之年，人口增长了一倍多，[14] 如果从我祖父母出生时算起，现在的世界人口已经翻了两番。放在地质年代的大背景下，人口增长可以说是在瞬间发生的。

人类对地球造成的影响大部分发生于约 300 年前的工业革命以后。那时，智人开始大规模利用煤炭的能量。

煤是石炭纪森林留下的的残骸形成的，其中富含能量。在工业革命之后不久，人类又学会了勘探和开采石油。石油是一种高能量的液态碳氢化合物，是浮游生物化石在岩石层下方高压高热的环境中缓慢转变产生的。利用化石燃料虽然只有短短几代人的时间，但它对人口增长的推动作用比农业出现时更为显著。

化石燃料燃烧的重要的副产品之一是二氧化碳，此外还有二氧化硫和氮氧化物等气体。石油化工产业还制造了铅和塑料等一系列其他污染物。对化石燃料的利用造成了温度急剧上升、动植物大范围灭绝、海洋酸化和珊瑚礁破坏等后果。总体可能与地幔柱穿过有机沉积物冲到地表所产生的效应相当。

但是，与二叠纪末灾难性的地幔柱喷发系列事件相比，当前人为造成的二氧化碳波动将是极其短暂的。目前，人们

从未来看过去

已经在采取措施减少二氧化碳的排放，并在化石燃料以外寻找新的能源供应。人类将造成一个很高的碳峰值，但是它持续的时间会很短，以至于从长期来看无法检测出来。

大量人口存在的时间是如此之短，在遥远的未来，比如2.5亿年以后，不会有多少人类遗迹保存下来——如果不是完全没有的话。将来的勘探者即使用最灵敏的仪器探测，可能最多也只能发现痕量的异常同位素。或许他们会得出结论：在新生代冰期开始后不久，发生了一些事情。但是更详细的结论，他们就无法得出了。

再过几千年，智人就会灭绝。原因也许是人类欠下的灭绝债务早就该偿还了。整个地球都是人类占据的栖息地，而且到处都被弄得越来越不宜居。

但是更重要的原因在于人口更替无法维持。世界人口很有可能在21世纪达到峰值，而后逐渐降低。2100年的总人口将比现在的要少。[15]虽然人类将会做许多事情来挽回自身活动对地球的损害，但是仍然只有几千到几万年的时间。

和与我们亲缘关系最近的猿类相比，人类的基因同质性异常地高。这是人类大扩张之前在早期历史上曾遇到基因瓶颈的体现——远古人类曾经数次濒临灭绝。[16]人类最终的灭绝将由几个因素共同导致：早期历史造成的基因多样性不足，今天栖息地损失造成的灭绝债务，人类行为和环境改变造成的生育不足，以及小规模孤立人群所面临的一些特殊问题。

不论怎样，冰川前进和消退的循环还将继续重复许多次。人类造成的二氧化碳增加会延迟下一次冰川前进的日期，但是当冰期最终来临时会来得更加突然。气候变化将导致极地冰盖上崩解出大量的冰山，同时向海洋（特别是向北大西洋）中注入大量的淡水，从而堵塞墨西哥湾暖流。欧洲和北美洲将在不到一代人的时间里全面进入冰期。但那时已不会再有人类记录寒冷的天气。

在狂热的人类活动所产生的二氧化碳被吸收之前，人类自身就会灭绝。残余的温室效应将暂时让地球保持温暖，但冰期的到来将更猛烈而突兀，并开启冰期和温暖期的交替循环，直到超额的二氧化碳完全被吸收，无法再影响新生代大冰期的自然进程为止。[17]

大约 3 000 万年以后，南极洲将向北漂移到纬度较低的地方，温暖的热带海水将把冰盖的痕迹完全冲刷干净。随之而来的将是一个持久的寒冷期，这对于生命意味着什么？

体形比獾大的所有陆生动物都将灭绝。大型有蹄类包括象、犀牛、狮、虎、长颈鹿和熊都将不复存在。绝大部分有袋类也将灭绝。可以溯源到三叠纪的卵生哺乳类——鸭嘴兽和食蚁兽——也将终结。灵长类最后一个物种——智人——此时早已消失了。

将会有几种小型鸟类幸存下来，还有不少蜥蜴和蛇。龟、鳄等更大的爬行动物和所有两栖动物都将灭绝。

啮齿动物将大量幸存，但也许我们将很难认出它们。小鼠和大鼠的后裔中将出现许多食草动物。传统的食肉目将只有一些类似猫鼬或雪貂的小型动物幸存下来，而大型食肉动物也将来自啮齿类。当然，最可怕的掠食者将由不会飞的巨型蝙蝠演化而来。[18]

海洋中还是会有鱼类。历史可以追溯到泥盆纪的鲨鱼仍将在海里游弋。新的珊瑚或海绵物种将继续形成礁石。

鲸类仍将继续存在一段时间。

用最宏观的尺度来看，地球生命的故事热闹非凡，各种角色来来往往，但是归根结底，是两个因素控制着整台大戏。第一个因素是逐渐减少的大气中的二氧化碳含量，第二个因素是逐渐增强的太阳亮度。[19]

绝大多数生命赖以为生的是植物通过光合作用把大气中

的二氧化碳转化为生命物质的能力。为了进行光合作用，植物通常需要大约 150 ppm 的二氧化碳浓度。这对应的是植物通过 C_3 途径固定二氧化碳制造糖类。而另一种途径称为 C_4 途径，它所需要的二氧化碳浓度要低得多，只有 10 ppm。C_4 途径的缺点在于植物需要更多能量来驱动它，因此在大多数情况下植物倾向于使用 C_3 途径。[20]

几百万年前，随着草的出现，事情发生了变化。草倾向于使用更浪费能量但更能充分利用二氧化碳的 C_4 途径，在热带草原上尤其如此。总体上看，虽然偶有高峰和低谷，在地球历史上二氧化碳浓度一直是在持续降低的。在新生代中期，二氧化碳终于低到了一定程度，以至于自然选择更有利于那种一向少见的光合作用形式，即使它耗费的能量更多。

回顾更久远的历史，我们可以看到，这不过是生命对地球环境改变的又一次回应。生命曾面临许多类似挑战，历次挑战背后大多有太阳辐射热量持续升高和二氧化碳含量在宏观上持续降低这两个因素。

为何二氧化碳会变得如此稀缺和珍贵？原因可以用一个词概括——风化。山脉从地面上隆起所新形成的岩石很快就会被侵蚀风化。在这一过程中，大气中的二氧化碳会被吸收。最终，受侵蚀的岩石会粉碎成尘土，流向大海，并在海底被掩埋起来。

地球在它历史的最初阶段几乎完全被海洋覆盖，没有多少陆地可供侵蚀。但随着时间的推移，陆地的比例持续增加，风化作用的潜能也越来越高。和火山喷发等补充大气中的二氧化碳的作用相比，风化作用从大气中清除二氧化碳的速率一直在稳定而缓慢地提高。[21]

生命第一次面临的挑战是距今 24 亿年至 21 亿年之间的大氧化事件。当时，地壳运动突然加速，导致大量碳元素被掩埋。空气中的二氧化碳被清除，温室效应下降，全世界进入了持续 3 亿年的冰期，从北极到南极整个地球表面都被冰层覆盖。这是若干"雪球地球"事件中的第一次，也是规模最大的一次。当时太阳产生的热量也没有今天那么多，这加剧了气候变化的严重性，也影响了地球生命未来的进程。

生命应对危机的方式是增加复杂性。彼此之间原本只有松散联系的细菌把资源汇聚在一起，各自只专注于生命活动的一个方面。这是亚当·斯密在《国富论》中所论述的"劳动分工"的经典案例。在工厂里，如果每个工人都专注做一项工序，而不是让每个人独立完成整个生产过程，那么总体生产效率会高得多。

同样地，新出现的真核细胞内部存在着分工合作。真核细胞可以消耗更少的资源而做更多的事。

生命的下一次重大挑战是发生在大约 8.25 亿年前的罗迪尼亚超大陆解体事件。和上次一样，这次事件也导致了大规模的风化和碳埋藏，以及另一个漫长的冰期。这次冰期也引发了"雪球地球"事件，但是它的持续时间不如大氧化事件所造成的那次冰期长。虽然这一次有更多的陆地可供侵蚀，但太阳已经变热了很多，所以冰期更早地结束了。[22]

在这一时期，出现了更复杂的真核生物。不同的真核细胞聚集在一起，组成多细胞有机体，其中每一个细胞专注于各自的任务，如消化、繁殖或防御。动物的出现是罗迪尼亚超大陆解体后的那次冰期所带来的直接后果之一。

生命又一次通过彻底重组内部"经济学"来应对剧烈的环境变化。多细胞生物可以长得更大，移动得更快更远，并获取更多资源。这是单细胞真核生物永远赶不上的。

真核生物并不是看着日历来到了距今 8.25 亿年的时刻，

然后一致同意成为多细胞生物的。在此之前多细胞生物早已出现了。在那个时刻之后，单细胞真核生物和细菌仍然极其普遍，同时多细胞状态变得更加常见了，而不再是一种少有的例外情况。10亿年前，我们只能在一片淤泥的海洋中偶然发现叶状体的海藻；而8亿年前，海藻已遍布各处；到5亿年前，已经有许多种动物和海藻一起摇摆，其中有些大到肉眼可见。

类似地，今天的生物正在为进一步的复杂化做准备。正如细菌结合形成真核细胞，真核细胞又结合形成多细胞的动物、植物和真菌，在地球生命的最后阶段，多细胞生物也将互相结合形成一种全新的生物，其能力和效率将会超乎我们的想象。

种子在很久以前就已被种下。

在植物首次登上陆地后不久，它们发现如果与地下的真菌形成密切联系的话，生存会容易很多。植物的根部和真菌结合形成的共生体叫作菌根。植物通过光合作用向真菌输送营养，而真菌深入地下吸取矿物质供给植物作为交换。[23]

今天，绝大多数陆生植物会形成菌根，实际上若没有菌根，它们便无法生存。你下一次到树林中散步的时候，可以想象一下各种植物的菌根在你的脚下连接在一起，互相交换营养，形成一个包括整片树林的网络，并调节着所有树木的生长。实际上，森林中所有的树木和菌根形成了一个单独的超级有机体。[24]

真菌有在很大范围内调节生命的潜力。全世界已知的最大生命体之一就是真菌。一株球蜜环菌（*Armillaria bulbosa*）的微小菌丝在美国密歇根北部的森林里蔓延，占据了 15 公顷的面积。虽然人们几乎意识不到其存在，但它的总质量超过 10 000 千克，而且至少已经存活了 1 500 年。[25] 但是我们很难把这株真菌定义为一个个体。真菌的菌丝悄无声息地在地下蔓延，侵入土壤层的每一个黑暗角落，形成了巨大的联合体。

植物登陆之后很久，在恐龙时代的巅峰时期经历了一场风平浪静的革命。花儿出现了。

有花植物一开始只是这个世界上处于水边的不起眼的小生命，但是它们很快就变得相当普遍。1 亿年之后，它们成为陆生植物界的主导者。

花的优势之一是它们可以吸引传粉者，而不是依靠风、天气和运气完成受精。有花植物和许多其他生物一样，在对抗环境的过程中寻找到了生存捷径，改变了自己的命运。

与花的出现同步进行的是传粉昆虫种类的急剧增加，这可能并非偶然。增长最快的昆虫是组成膜翅目的蚂蚁、蜜蜂和黄蜂，以及组成鳞翅目的蝴蝶和蛾类。[26] 这些昆虫类群已存在了数百万年，有花植物的出现加速了它们的演化。

有些植物和它们的传粉者之间的联系十分紧密，无法离开对方独立生存。例如，无花果若没有它们的租客——榕小蜂就不能繁殖，而榕小蜂的全部生命都围绕着无花果这一种植物。无花果的果实在我们看来是一种水果，但实际上也是榕小蜂为自己创造的一个栖息地。[27] 丝兰和它伴生的飞蛾之间也存在类似的密切联系。[28] 从某些方面来看，无花果和榕小蜂实际上组成了一个统一的有机体，它们的结合不可拆分。丝兰和丝兰蛾之间也是如此。

许多蚂蚁、蜜蜂和黄蜂正在向一种全新的整体化方向演化。这种整体状态与它们和植物之间的联系不同——正是这种联系让它们在有花植物出现以后加速演化的。这些昆虫往往组合成规模巨大的社群，社群中的个体专门从事某项特定的任务，如防御或觅食。重要的是，社群当中仅有一个个体负责繁殖，它被称为"王后"。这种情况和多细胞生物中只有少数细胞负责繁殖的情况是一样的。

这些社群本身是超级有机体，它们甚至表现出了一些专属于动物个体的行为。例如，在干旱时期有的红胡须蚁（*Pogonomyrmex barbatus*）社群会派出较少的个体外出觅食，而这种限制措施可以让社群分裂出更多子社群，从而得到回报。[29]和人类一样，蚂蚁与它们体内的细菌以及周边的其他动物联系紧密。它们会主动培育真菌园，还会驯养成群的蚜虫，并采集它们分泌的蜜露作为食物。

一个物种有了社会性组织往往意味着它会取得成功。[30]人类的成功也许就可以归因于其社会化的倾向。在社会化的群体中，个体往往专精特定的任务。这样的社群积累资源更为容易，效率高于个体单独行动的结果。在今天，如果每个人必须为自己的每一项基本需要而奋斗，那么还有多少人能过上舒适的生活？对于社会性昆虫来说也是一样。这个道理在社会性昆虫出现之前就存在，在人类灭绝之后很久也将继续存在。事实上，随着时间的推移，较小个体和大规模群体的组合将会越来越有优势。

未来，光合作用所需的二氧化碳将越来越稀少，这种组织化现象也将越来越普遍。单个有机体将变得更小，并成为更大的社会性超级有机体的一部分，从而更有效地利用资源。与此同时，植物将依靠动物来提供二氧化碳，进行授粉。那些和动物关系不那么密切的植物最终将被饿死。实际上，与现代植物紧密共生的榕小蜂和丝兰蛾的体形和行为已经发生了大幅改变。它们与那些更自由且不专一的昆虫近亲已大为不同。

在未来，植物与传粉者的联系将变得更为紧密，尤其是当传粉者是社会性昆虫的时候。这一演变将持续加速，直至昆虫成为单纯给植物授粉和提供二氧化碳的工具。最终它们会成为植物体内的微型器官，就像我们细胞中的线粒体一样——线粒体的前身是自由生存的细菌。昆虫的繁殖将会与植物的繁殖完全同步，二者融为一体。

而植物本身也将演变得面目全非。它们也许会模仿真菌，把大部分植株以根或块茎的形式埋在地下。也许植物会长出中空的囊，让产生二氧化碳的昆虫伙伴在其内部生活。这些昆虫也许会退化成微观蠕虫，甚至是类似于阿米巴的细胞团，或许一生专门为植物微小的隐花授粉。植物或许只是偶尔让负责光合作用的组织伸出地表。但是，随着可供收集的二氧化碳越来越少，太阳也越来越热，"偶尔"将变成"很少"，进而变成"几乎从不"。

但有些植物会在地表以上开出微小的花朵，在风中释放和收集花粉以维持基因多样性。也许这可以作为一种标志，表明一切尚未完全消失。

地质运动仍将继续。2.5亿年以后，各个大陆将再度合并成为一块超大陆，也是有史以来最大的超大陆。和盘古大陆一样，它也会横贯赤道。[31] 大部分内陆地区将变成极其干旱的沙漠，周围环绕着极高极绵长的山脉。

世界上将只有少量的生命迹象。海洋生物的形式将比现在的更简单，而且大部分将集中在深海。陆地看起来将毫无生气。但这其实是一种错觉，陆地生命还是存在的，只不过要向下挖得很深才能找到。

即使是今天，在地下深处也有大量的生命活动，而我们注意不到。它们往往比植物的根系更深，比菌根和蜜环菌等真菌还深。也许真菌能感受到它们的存在。

地下深处有开采矿物的细菌。它们通过把一种矿物质转化为另一种来获取能量，[32] 维持着石头缝中的卑微生活。许多小生命又以这些细菌为食，[33] 其中最多的是线虫。线虫是最容易被忽视的一类动物，而它们又极为普遍地寄生于各种动物和植物体内。一位科学家评论说，如果除了线虫以外的生物都变成透明的，我们仍能看到大树、人类、动物和大地本身的"幽灵"形式。[34]

深部生物圈的生命活动十分缓慢，相比之下，冰川本身就像春天的羔羊一样活跃。在深部生物圈，甚至连生存与死亡有时都难以区分。在那里细菌的生长非常缓慢，很少分裂，可以存活数千年。随着世界变暖，大气中的二氧化碳变得更加稀缺，深部生物圈的生命生长速度将会加快。

驱使它们加快生长的将是更高的温度，以及一种新型生物从上方进行的入侵。入侵者将是一种难以想象的复合体，由很久之前被称为真菌、植物和动物的生命组成。这些超级有机体将是我们星球表面最后的生命支柱，它们将与迟缓的深部细菌结合起来。前者为后者提供安全保护，后者则为前者提供能量和营养，因为那时光合作用早已是过去式了。

超级有机体的真菌状菌丝将在地壳中分叉蔓延，到处寻找养料，并将更多的有机体纳入自身。直到在地球生命末期的某一天，所有超级有机体的菌丝将连成一片并互相融合。也许在地球生命的末尾，所有的生物将会形成单一的整体，面对命运进行顽强地抗争。

地质运动将会继续，虽然速度会慢一些，看起来像是受到关节炎的困扰一样。而地球此时的确已经十分衰老，构造板块的运动已经不像之前那么顺滑了。

在地球的青年时期，推动大陆漂移的热对流引擎是由核反应熔炉驱动的。在远古年代，一颗超新星爆发前的最后几秒合成了铀和钍等缓慢衰变的放射性元素，这些元素在地球形成时汇集在地心，它们放出的热量为大陆漂移提供了动力，而现在它们几乎已经用尽了。

将在8亿年后形成的超大陆会是这个星球历史上最大的一块超大陆，也是最后的超大陆。这是因为无休止的板块运动终将停息。板块运动有时是生命的燃料，也常常是生命的克星。

地球表面将不再有任何生命。即使是在地下深处，生命也只是苟延残喘。最后的海洋生命将聚集在热液喷口周围。但由于富含氢、硫等矿物质的热泉终将沉寂，这些生命也会饥饿而死。

大约10亿年以后，地球生命将完全灭亡。它们在历史上曾将每一次挑战巧妙地转化为发展繁荣的机遇，但生命没有永恒。[35]

后　　记

有人说过——虽然是在另一种语境下说的——所有生涯的终点都是湮灭。即使是生命本身，也不会永远存在，智人更不可能成为例外。

即便如此，智人无论如何仍是一种与众不同的生物。大多数哺乳动物的物种寿命都在 100 万年左右，而即使采用最宽泛的智人定义，这个物种的历史也还不到 100 万年的一半。但是人类如此特殊，他们有可能继续生存数百万年，也有可能在下个星期二突然灭亡。

智人的与众不同之处在于，据我们所知，这是唯一一个能意识到自己在宇宙万物中的地位的物种。人类已经认识到了他们对世界造成的损害，并且开始设法补救。

目前有很多人担心，智人已经造成了所谓"第六次大灭绝"，据说其规模与"五大灭绝"类似。[1] 历史上曾发生过五次大灭绝，时间分别位于奥陶纪末、泥盆纪末、二叠纪末、三叠纪末和白垩纪末。虽然过了数亿年，但我们仍可以在地质记录中发现这些灭绝事件留下的线索。

虽然"背景"灭绝速率——物种由于自身原因各自演化和灭绝的通常速率——自人类出现以来确实有所上升，而且目前正处于高位，但是要让物种灭绝的速率赶上"五大灭绝"时期，还需要人类以目前的力度继续搞 500 年的破坏才行。这几乎是从工业革命到现在的时间段的两倍。如果人类不对业已造成的损害进行补救，那么最严重的后果必将发生，实际上目前造成的损害已经很大。但我们仍来得及挽回局面。第六次大灭绝还没有发生——至少现在还没有。

由于短时间内向大气排放了大量二氧化碳，人类已经造成了一个全球变暖时期。我们已经能够感受到全球变暖的效应。人类的健康和安全，乃至许多物种的生命已经受到了重大损害。

当然，我们也可以说，气候变化是自然规律的一部分：我们的星球一度被岩浆覆盖，也曾经被水淹没。它从南极到北极的广大地域有时覆盖着森林，有时却是数英里厚的冰川。

因此，扭转气候变化似乎是一种极为傲慢和自恋的想法，就好像克努特国王警告他的廷臣，真正的国王可以一道命令就让海潮回头一样。有的时候我们会看到下面这样的口号：

　　拯救我们的星球！

　　我们不免想要驳斥一番。不妨提出：

　　停止板块构造运动！

　　甚至是

　　停止板块构造运动——就是现在！

　　毕竟，在智人出现之前，地球已经存在了 46 亿年。而在智人消失以后，地球仍将存在很久。

　　但这是一种没什么道理的暴论。除非人类像光合细菌（它们产生的氧气对其他生物是有毒的，改变了大气成分并造成了致命后果）一样不知道自己的所作所为，这种观点才说得通。

　　实际上，我们已经意识到了自己的所作所为，而且已经在采取措施，采取更负责任的行为方式。在全世界范围内，来自化石燃料的排放正在逐步减少，取而代之的是污染较少的替代品。例如英国在 2019 年第三季度，可再生能源发电量首次超过了使用化石燃料的发电量，而且这一趋势将来只会更加显著。[2] 我们的城市正在变得更清洁、更绿色。

　　50 年前，地球上的人口只有目前的一半。那时人们对人类能否养活自己的问题表示严重担心。[3] 但 50 年过去了，地球供养了两倍的人口，而且人们整体上更健康，寿命更长，生活也更富裕。现在争论的焦点已经转移到显著的财富不平等所造成的问题，而不是财富的缺失上。

人们开始以更加经济的方式维持生活。这一转变发生得很快，人们对此充满热情。虽然世界范围内人均能源消耗量仍在增加，但在一些高收入国家这个数值已经下降了。英国和美国的人均能源消耗量在 20 世纪 70 年代达到峰值，从那时到 2000 年基本保持不变，然后就开始大幅下降：英国的人均能源消耗仅仅在过去 20 年就下降了将近四分之一。[4]

人类的受教育程度也比以前更高。在 1970 年，每五个人中只有一个在学校学习到 12 岁。而现在，这一比例略高于一半（51%），预计到 2030 年将达到 61%。[5]

人们曾经认为地球总人口的增长将要失控，并成为一项重大威胁。但 21 世纪将见证人类数量的高峰，之后人口将会回落。2100 年的世界人口将低于现在的数字。[6]

这些变化大多是由更高效的技术和农业进步所导致的。但是在 20 世纪里，对改善人类状况作用最大的单一因素很可能是妇女获得了生育权和政治社会权利，特别是在发展中国家。现在妇女对自己身体的控制权，乃至人类事务的发言权越来越高。这让人类拥有了翻了一番的劳动力，提高了总体能源利用效率，也减慢了人口增长。

人类面前还有许多挑战。和生命历史上所发生的事情一样，人类也将（正在）通过合作分工应对挑战，用更少的资源走得更远。

然而，智人的灭绝仍是不可避免的，这只是个时间问题。

乍看起来应该有一个逃脱的办法，但是仔细观察之后我们会发现那只是个幻觉。这本书的主题是地球上的生命，其中我已说明，地球的环境终有一天会变得过于恶劣，不论生命有多足智多谋，都终将无法生存。但我没有讨论生命开拓外星球的可能性。

尽管我们知道有些生物可以承受太空环境，[7] 但有意识地走向太空的物种，智人还是第一个。智人在地球轨道上设立了载人空间站，并且踏上了另一个世界——月球。因此人类完全有可能经常离开地球，甚至在其他行星上或在太空居民点里永久性地生活。

这在目前看来似乎不太可能。在撰写本文时，只有少数人访问过月球，[8] 而且最后一次是在 1972 年。但这不是我们悲观的理由。在大约 12.5 万年前，最初的现代人还居住在非洲南部的海岸边时，就学会了装饰自己、绘画和使用弓箭。这些技术有时会突然出现，然后就被遗忘数千年，但人们最终会重新获得这些技术，并将其推广开来。这有可能是因为维持这些活动需要一定的人口数量，还需要人们彼此接近，才能让所需的技艺得到传承。

太空旅行似乎一度被抛弃了，但是经过长时间的停顿又恢复了热度。将来太空旅行有可能成为人们的日常。技术的进步意味着它不再是只有政府才能负担的昂贵活动，现在私营公司也开始参与其中。人们为了观赏风景而造访太空的前景不再是科幻故事。当然，首批乘客都是极为富有的人——但航空旅行的早期历史也是如此。

技术发展的速度之快是值得注意的。例如，人类首次登月（1969 年 7 月）的时候，距离第一次跨大西洋飞行仅仅过去了 50 年（1919 年 6 月）。而那时，两名勇敢的飞行员驾驶的是帆布和木头结构的脆弱飞机，它的发动机在现代人看来就像是在机身上用扎带绑着一个从割草机上拆下来的引擎。

但即使未来人类能够进行恒星际飞行，灭绝仍然是其不可避免的命运。人类的外星殖民地规模会很小，彼此之间相距遥远。它们很有可能因为缺乏人口和遗传多样性而失败。成功的殖民地最终也会分化成为新的物种。太空旅行不能避免人类的灭绝。

那么，人类将留下什么遗产？如果以地球生命的时间尺度来衡量——什么都不会留下。整个人类历史是那么激烈而短暂，所有的战争和文学，所有王公和独裁者的宫殿，所有的爱和痛苦、梦想和成就，在未来的沉积岩上最多留下毫米厚的沉积层。甚至沉积岩本身也会被腐蚀成尘埃，永远安息在海底。

从某种意义上说，正是这种前景驱使着我们去保护现在拥有的一切，让我们自己蜉蝣般短暂的生命以及星球上的其他生命尽可能过得舒适。

奥拉夫·斯塔普尔顿（Olaf Stapledon）的《造星主》也许是有史以来最大胆的科幻小说。熟悉这本书的人不多，也许是因为它所描写事物的规模令人望而生畏（尽管这本书本身篇幅不长）。故事讲述了我们宇宙贯穿 4 000 亿年的历史（这是小说虚构的），而这仅仅是好几个宇宙之一。人类历史在这本书中只占一个自然段。

小说中，主人公与妻子发生争执后走出他的小屋，坐在山坡之上，在那里他被一种视野俘获，并被传送到了宇宙空间。他与别的流浪者碰面，共同参加了许多冒险，他们的灵魂逐渐结合成为一个宇宙心灵，最终见到了造物主。主人公发现，我们的宇宙只是众多造物中的普通一员——在造物主的工作间里还散落着许多别的宇宙，那些都是造物主的玩具。而更宏伟的宇宙将会陆续出现。

主人公回家后一直回味着这次旅行。值得注意的是，斯塔普尔顿是一位坚定的和平主义者。他作为公谊救护队的一员，在西线战场目睹了第一次世界大战的可怖场景。《造星主》出版于 1937 年，那时另一场全球冲突即将到来。主人公在书的序言和后记中讨论了这一点。

叙述者问道，一个普通人如何才能面对这种非人的恐怖？

"有两盏指路的明灯。"他说。第一盏是"我们原子般渺小的社区发出的微光"，第二盏则是"群星冰冷的亮光"。在群星和宇宙的尺度上，世界大战一类的事情似乎也可以忽略不计。最后他总结道：

> 奇妙的是，想到这不过是一群微生物短暂的挣扎，并没有减弱斗争的紧迫性，反而催促我们多尽自己的一份力，要在最终的黑暗降临前，为自己的种族多赢得一些澄明的辉光。

> 因此，不要绝望。地球依然存在，生命依然存在。

延伸阅读

读者将看到，这本书的注释很多，其中详细描述了作为本书基础的科学研究工作。科研论文从本质上说是写给其他科学家看的。在这里我将推荐一些在我看来更易读的文献。

Benton, Michael J., *When Life Nearly Died* (London: Thames & Hudson, 2003). 关于二叠纪末大灭绝的故事，详细描述了其恐怖而扣人心弦的细节，并分析了可能的原因。

Berreby, David, *Us and Them* (New York: Little, Brown, 2005). 一本关于人类行为的书，着重讲述了我们结成互相敌对的小组和联盟有多么容易。这是我读过最好的人类学书籍。你可以引述我这句话。

Brannen, Peter, *The Ends Of The World* (London, Oneworld, 2017). 地球历史上历次大灭绝的故事。

Brusatte, Steve, *The Rise and Fall of the Dinosaurs* (London: Macmillan, 2018). 一本简明而激动人心的书，介绍了恐龙研究的最新进展。

Clack, Jennifer, *Gaining Ground* (Bloomington: University of Indiana Press, 2012). 介绍了陆生脊椎动物如何从其鱼类祖先演化而来。

Dixon, Dougal, *After Man* (London: Granada, 1981). 如果人类现在消失，5 000 万年以后野生动物将会是什么样。

Fortey, Richard, *The Earth, an Intimate History* (London: HarperCollins, 2005). 从地质学的角度描述我们星球的全部历史。

Fraser, Nicholas, *Dawn of the Dinosaurs* (Bloomington: Indiana University Press, 2006). 这本书描述了本不该被人们忽略的三叠纪。道格拉斯·亨德森（Douglas Henderson）为此书贡献了精妙的插图。

Gee, Henry, *In Search of Deep Time* (New York: The Free Press, 1999), published in the UK as *Deep Time*（London: Fourth Estate, 2000）. 这本书告诫你手中的书是关于什么的——用一个不完整的化石记录来讲述一个故事。相对来说，我们可以从现有的化石记录出发讲述许多种不同的故事，有些故事比你认为自己了解的那个要有趣得多。

Gee, Henry, *The Accidental Species* (Chicago: University of Chicago Press, 2013). 关于人类起源和演化的有用介绍，揭穿了若干迷思，并让人类走下神坛。

Gee, Henry, *Across the Bridge* (Chicago: University of Chicago Press, 2018). 介绍了脊椎动物的起源。我们自己就属于脊椎动物。

Gee, Henry, and Rey, Luis V., *A Field Guide to Dinosaurs* (London: Aurum, 2003). 给前往恐龙世界的游客写的导览。这是一本高度推测性的书，但路易斯·雷伊（Luis Rey）的精美插图值回书价。

Gibbons, Ann, *The First Human* (New York: Anchor, 2006). 关于人类起源研究的故事，作者是该领域的领军人物。

Lane, Nick, *The Vital Question* (London: Profile, 2005). 一本关于生命如何起源的书，作者的笔触十分生动活泼。

Lieberman, Daniel, *The Story of the Human Body* (London: Allen Lane, 2013). 关于人类演化的总结，并讲述了为什么现代生活不适合我们这个物种的传承。

McGhee, George R., Jr, *Carboniferous Giants and Mass Extinction* (New York: Columbia University Press, 2018). 对石炭纪和二叠纪世界的生动描绘。

Nield, Ted, *Supercontinent* (London: Granta, 2007). 大陆漂移和 5 亿年超大陆周期的故事。

Prothero, Donald R., *The Princeton Guide to Prehistoric Mammals* (Princeton: Princeton University Press, 2017). 如果你搞不清纽齿类和裂齿类、全齿类和恐角类的话，那么这本书正是你所需要的。玛丽·波西丝·威廉斯（Mary Persis Williams）贡献了精美的插图。

Shubin, Neil, *Your Inner Fish* (London: Penguin, 2009). 关于为什么人体内可以找到我们传承自鱼类祖先的遗产的故事。

Stringer, Chris, *The Origin Of Our Species* (London: Allen Lane, 2011). 关于智人为什么是现在这个样子的故事。

Stuart, Anthony J., *Vanished Giants* (Chicago: University of Chicago Press, 2021). 一本关于更新世末期多数大型动物灭绝事件的详细而易读的综述。你知道有一种动物叫"昨日骆驼"吗？

Thewissen, J. G. M. 'Hans', *The Walking Whales* (Oakland: University of California Press, 2014). 讲述了一群陆生动物返回海洋，仅用 800 万年就完全转变为水生生物的不可思议的故事。

Ward, Peter, and Brownlee, Donald, *The Life and Death of Planet Earth* (New York: Henry Holt, 2002). 一本对于我们星球上生命未来的悲观预言。

Wilson, Edward O., *The Social Conquest of Earth* (New York: Liveright, 2012). 在这本书里，社会生物学的创始人热情地描绘了超级有机体——包括蚂蚁和人类——是如何演化出来并接管地球的。

注　　释

1 冰与火之歌

1　例子参见 R. M. Canup and E. Asphaug, ' Origin of the Moon in a giant impact near the end of the Earth's formation ', *Nature* **412**, 708-712, 2001; J. Melosh, ' A new model Moon ', *Nature* **412**, 694-695, 2001。

2　这解释了为什么地球和月球成分相似，以及月球本身特殊性的起因。考虑与母星（地球）的体积之比，月球在太阳系的卫星当中算是相当庞大的。参见 Mastrobuono-Battisti *et al.*, ' A primordial origin for the compositional similarity between the Earth and the Moon ', *Nature* **520**, 212-215, 2012。

3　这个例子可以证明地球直至今日依然活跃：澳大利亚所在的构造板块正在向西北方撞向印度尼西亚并将其挤压变形。板块漂移的速度是卧龙岗大学伯特·罗伯茨（Bert Roberts）教授指甲生长速度的两倍（伯特是这么告诉我的，但每个人的指甲生长速度有所不同）。这个速度看起来很慢，但时间久了会产生明显的效果。随着澳大利亚持续向北移动，爪哇岛的北缘将向下弯曲沉入海平面以下。如果在爪哇岛北海岸飞过，你会像我一样看到雅加达北部的老城区已经被水淹没了。而且伯特的指甲还得要不断修剪。

4　由于这本书更多的是一篇故事而不是科学研究，我所说的一些事情证据没那么充分，但也有一些证据很充分。关于生命起源的环境问题可能是本书中我了解最少的部分————也许除了第 12 章的大部分以外。这部分叙述最接近于虚构的故事。其中一个难点在于很难定义生命本身。卡尔·齐默（Carl Zimmer）在他的书《生命的边界》（*Life's Edge*, Random House, 2020）中讨论了生命定义的问题。

5　具体地说，膜的两侧可以积累电荷，电能可以通过做功——如驱动化学反应——的方式耗散掉。这与电池的基本原理相同。所有的生命从起源开始都是由电能驱动的。电能的强大令人惊讶。由于膜内外的电荷之差是宏观可测量的，而膜的厚度是微观尺度的，所以电势差相当大，水平在 40~80 mV（毫伏）。尼克·莱恩（Nick Lane）的书《复杂生命的起源》（*The Vital Question*, London: Profile, 2005）生动地讨论了电荷在生命起源中的作用，以及其他很多问题。

6   十几岁的青少年就是这样，他们与日俱增的知识和良知是以周边环境无序度的上升为代价的。

7   最古老的岩石有 38 亿到 40 亿年的历史，而有一类小而结实的晶体叫作锆石，历史最早能追溯到 44 亿年前。它们是更早的岩石风化后形成的。有些锆石像一瞥暗影般依稀保留着 40 亿年前的生命痕迹。有关生命的化学反应主要围绕着碳元素进行，而碳原子总是分为几种形式，我们称之为"同位素"。最常见的碳同位素是碳 12，而一小部分碳原子属于碳 13，它比碳 12 稍微重一些。生物体内的化学反应十分精密，碳 13 较重而不能充分参与其中，所以碳 12 在生物体内的丰度要比环境中的丰度更高。这一差异可以被测量出来。远古的石头如果含碳 13 相对较少则证明它形成时有生命存在，即使生物体本身早已无处可寻了。这就像是可以通过它的笑脸揭示消失的柴郡猫一样（参见《爱丽丝梦游仙境》）。此类证据显示，生命至少有 41 亿年的历史。有一块锆石晶体封装了一小片碳元素形成的石墨，其中碳 12 的丰度表明，地球生命的起源比现存最古老的岩石还要早。参见 Wilde *et al.*, ' Evidence from detrital zircons for the existence of continental crust and oceans on the Earth 4.4 Gyr ago ', *Nature* **409**, 175-178, 2001。

8   参见 E. Javaux, 'Challenges in evidencing the earliest traces of life ', *Nature* **572**, 451-460, 2019。这篇文章对于在解读远古化石的过程中会出现哪些问题做了有益的提醒。

9   写作本书之时，公认的最早的地球生命来自澳大利亚的一块叫作" Strelley Pool Chert"的岩石。其中保存的不是一两块化石，而是来自 34.3 亿年前温暖海洋的一整个礁石生态系统。参见 Allwood

et al., ' Stromatolite reef from the Early Archaean era of Australia ',
Nature **441**, 714-718, 2006。其他一些早期生命遗迹据称历史超过 40
亿年，但关于它们还存在争议。

10 至少在以它们为食的动物出现之前。如今叠层石只存在于动物不能
到达的极少数地方。其中之一是西澳大利亚的鲨鱼湾，那里海水盐
度过高，除了淤泥以外没有任何生命存在。

11 这一点很奇怪，因为那时的太阳不如现在的亮。这个问题被称为
"黯淡太阳悖论"。远古的地球本应被冰雪覆盖才对，但当时大气
层中充满了甲烷等强效温室气体，保持了相当高的温度。

12 关于大氧化事件的发生原因还有很多争论。有证据表明，有一个
时期地质活动增加，从地球内部向大气释放出了气体。参见 Lyons
et al., ' The rise of oxygen in the Earth's early ocean and atmosphere ',
Nature **506**, 307-315, 2014; Marty *et al.*, ' Geochemical evidence for
high volatile fluxes from the mantle at the end of the Archaean ',
Nature **575**, 485-488, 2019; and J. Eguchi *et al.*, ' Great Oxidation and
Lomagundi events linked by deep cycling and enhanced degassing of
carbon ', *Nature Geoscience* doi:10.1038/s41561019-0492-6, 2019。

13 琼尼·米切尔（Joni Mitchell）是这么说的："我们到伍德斯托克的
时候，那里已经有超过 50 万人了。"另一位参加音乐节的娱乐记者
表示，"……我们 30 万人同时在找厕所"。

14 参见 Vreeland et al., ' Isolation of a 250 million-year-old halotolerant
bacterium from a primary salt crystal ', *Nature* **407**, 897-900, 2000; J.
Parkes, ' A case of bacterial immortality? ' *Nature* **407**, 844-845, 2000。

15 可能是大氧化事件的创伤促成了这一变化趋势。

16 严格来说，细菌（单数为 bacterium，复数为 bacteria）和古菌（单
数为 archaeon，复数为 archaea）是差异很大的两类生物。但是二者
都是微小的低等生物，因此在这里我用人们更熟悉的"细菌"指代
二者。

17 参见 Martijn *et al.*, ' Deep mitochondrial origin outside sampled alpha-
proteobacteria ', *Nature* **557**, 101-105, 2018。

18 分子古生物学已经逐步阐明了不同细菌和古菌融合在一起形成有核细胞的全过程（M. C. Rivera and J. A. Lake, ' The Ring of Life provides evidence for a genome fusion origin of eukaryotes ', *Nature* **431**, 152-155, 2004; W. Martin and T. M. Embley, ' Early evolution comes full circle ', *Nature* **431**, 134-137, 2004）。但形成细胞核的是哪种古菌还不清楚。这种古菌必定有某些属于有核细胞但不属于其他古菌的特征，例如蛋白纤维形成的微骨架。在海床沉积层中已经发现了这样的古菌（Spang *et al.*, ' Complex archaea that bridge the gap between prokaryotes and eukaryotes ', *Nature* **521**, 173-179, 2015; T. M. Embley and T. A. Williams, ' Steps on the road to eukaryotes ', *Nature* **521**, 169-170, 2015; Zaremba-Niedzwiedska *et al.*, ' Asgard archaea illuminate the origin of eukaryote cellular complexity ', *Nature* **541**, 353-358, 2017; J. O. McInerney and M. J. O' Connell, ' Mind the gaps in cellular evolution ', *Nature* **541**, 297-299, 2017; Eme *et al.*, ' Archaea and the origin of eukaryotes ', *Nature Reviews Microbiology* **15**, 711-723, 2017）。经过巨大的努力，这些细胞已在实验室培养成功（Imachi *et al.*, ' Isolation of an archaeon at the prokaryote-eukaryote interface ', *Nature* **577**, 519-525, 2020; C. Schleper and F. L. Sousa, ' Meet the relatives of our cellular ancestor ', *Nature* **577**, 478-479）。有趣的是，这些细胞自身很小，但能伸出很长的触须抱住周围的细菌，其中有些细菌是它们自身生存所必需的。真核细胞可能就是按照这条路线形成的（Dey *et al.*, ' On the archaeal origins of eukaryotes and the challenges of inferring phenotype from genotype ', *Trends in Cell Biology* **26**, 476-485, 2016）。

19 即使在今天，绝大多数真核生物仍是单细胞生物。单细胞真核生物包括池塘中常见的阿米巴和草履虫，以及许多病原生物，包括引起疟疾、昏睡病（神经系统非洲锥虫病）和利什曼病的生物。许多细胞聚合在一起形成了多细胞生物，包括动物、植物和真菌，以及许多藻类。但这些多细胞生物在生命周期的某一部分也是以单细胞形式存在的。亲爱的读者，你也曾经是个单细胞。

20 "性"和"性别"完全不是一回事。交配的时候，有些"交配型"
    的生物产生少量的大型生殖细胞，而另一种"交配型"的生物则产
    生大量的小型生殖细胞。我们称前者为"卵子"，而称后者为"精
    子"。这时才产生了"性别"的概念。两种性别之间存在利益冲突。
    产生精子的性别希望给尽可能多的卵子受精，而产生卵子的性别希
    望选择质量最佳的精子给自己数目有限的卵受精。两性之间的战争
    就是这样开始的。

21 多细胞生物基本独立地出现了许多次（Sebé-Pedros *et al.*, 'The origin
    of Metazoa: a unicellular perspective', *Nature Reviews Genetics* **18**,
    498-512, 2017）。动物、植物及其近亲绿藻、多种红藻和褐藻，以
    及一系列真菌都是独立成为多细胞生物的。但大多数真核生物仍是
    单细胞生物——所有的真核生殖细胞，包括人类的卵子和精子也是
    单细胞。因此从另一个角度来看，我们也可以说多细胞生命体无非
    就是一部为了供养生殖细胞而存在的高效率机器罢了。

22 地质学家往往有些看不起这一时期。由于看不到毁天灭地的地质事
    件，他们懒得在这个时期上费工夫，并称之为"无趣的 10 亿年"。

23 原生生物是一个高度多样的单细胞真核生物大类，以前曾被称为
    "原生动物"，但那个名字已被弃之不用。除了常见于池塘的阿米巴
    和草履虫，原生生物还包括许多在地球上至关重要的生物，有引
    起赤潮的沟鞭藻类，有能形成矿物质骨骼的有孔虫和颗石藻。有
    的在医学上备受重视，如引起疟疾的疟原虫和导致昏睡病的锥体
    虫。还有一种很有趣的生物是双鞭毛虫门的线甲藻，它有结构完
    整的眼睛，包括类似角膜的膜、晶状体和视网膜（G. S. Gavelis,
    'Eye-like ocelloids are built from different endosymbiotically acquired
    components', *Nature* **523**, 204-207, 2015）。原生生物就像杰克罗素
    㹴犬，体形的不足可以由"人格魅力"弥补。

24 参见 Strother *et al.*, 'Earth's earliest non-marine eukaryotes', *Nature*
    473, 505-509, 2011。

25 地衣是藻类和真菌的共生体，二者联系如此紧密，以至于可以将
    地衣看作一个独立的物种。关于地衣，可参考默林·谢尔德雷克

（Merlin Sheldrake）的有趣专著《纠缠的生命：真菌如何创造我们的世界、改变我们的思想、塑造我们的未来》（*Entangled Life: How Fungi Make Our Worlds, Change Our Minds, and Shape Our Futures*, London: The Bodley Head, 2020）。

26 参见 N. J. Butterfield, '*Bangiomorpha pubescens* n. gen. n. sp.: implications for the evolution of sex, multicellularity, and the Mesoproterozoic/Neoproterozoic radiation of eukaryotes', *Paleobiology* **26**, 386-404, 2000。

27 参见 C. Loron *et al*., 'Early fungi from the Proterozoic era in Arctic Canada', *Nature* **570**, 232-235, 2019。

28 参见 El Albani *et al*., 'Large colonial organisms with coordinated growth in oxygenated environments 2.1 Gyr ago', *Nature* **466**, 100-104, 2010。

29 板块运动是有节律的。每隔数亿年，所有大陆就会聚集成为一片超大陆，而后被从地下冲出的岩浆柱打破，又分裂成数块。时间上离我们最近的一片超大陆是盘古大陆，它在 2.5 亿年前达到最大期。再往前曾有过罗迪尼亚超大陆，再之前是哥伦比亚超大陆。有证据表明曾有过更早的超大陆。我的朋友特德·尼尔德（Ted Nield）写了一本书就叫《超大陆》（*Supercontinent*, London: Granta, 2007），这本书包括了关于板块运动你所需要的一切知识。也许有些人会以为这本书是讲凯格尔运动的，但特德向我保证并非如此。

2 动物的集结

1 这里很多内容借鉴自 Lenton *et al*., 'Co-evolution of eukaryotes and ocean oxygenation in the Neoproterozoic era', *Nature Geoscience* **7**, 257-265, 2014。

2 海绵的出现时间仍有争议。海绵的骨骼是由标志性的矿物骨针构成的，而这种骨针在寒武纪之前几乎见不到。我们所认定的海绵起源标志"分子化石"有可能是原生生物形成的，而不是海绵。参见 Zumberge *et al*., 'Demosponge steroid biomarker 26-methylstigmastane provides evidence for Neoproterozoic animals', *Nature Ecology*

& Evolution **2**, 1709-1714, 2018; J. P. Botting and B. J. Nettersheim, ' Searching for sponge origins ', *Nature Ecology & Evolution* **2**, 1685-1686, 2018; Nettersheim *et al.*, ' Putative sponge biomarkers in unicellular Rhizaria question an early rise of animals ', *Nature Ecology & Evolution* **3**, 577-581, 2019。

3　参见 Tatzel *et al.*, ' Late Neoproterozoic seawater oxygenation by siliceous sponges ', *Nature Communications* **8**, 621, 2017。我不免想到伟大的达尔文在 1881 年出版的《腐殖土与蚯蚓》，这是他去世前的最后一本书。这样朗朗上口的书名真的很少见，我记得在《自然》杂志编辑部有一个书架，上面是送来写书评的许多大部头，其中有一本书的书名是《活化的淤泥》。不过我扯远了。《蚯蚓》（熟悉达尔文的人通常这么叫）一书证明了蚯蚓的翻土活动虽然缓慢，但长期来看足以改变地形地貌。这本小书的主题是时间和变化，这也是达尔文一生最重要的主题，因此《蚯蚓》作为这位天才的最后一本书再合适不过了。达尔文甚至天才地测量了蚯蚓的行动速率。他在后院草坪上放了一块石头，观察其因为蚯蚓在下面搅动泥土而导致的沉降的速度。

4　严格来讲，浮游生物" plankton"一词指的是海洋的一部分，而不是在这一部分海洋中生活的有机体。具体来说，这个单词指的是有阳光照耀，同时由于藻类的光合作用而富含氧气的浅海区域，也包括其中食用藻类的动物和食用这些动物的动物所组成的群体。许多海底生物（包括海绵）的幼体实际上是在"plankton"里生活的。

5　参见 Logan *et al.*, 'Terminal Proterozoic reorganization of biogeochemical cycles ', *Nature* **376**, 53-56, 1995。

6　参见 Brocks *et al.*, ' The rise of algae in Cryogenic oceans and the emergence of animals ', *Nature* **548**, 578-581, 2017。

7　埃迪卡拉动物群得名于南澳大利亚的一处山坡。除此地以外，在世界上很多地方都散落着埃迪卡拉纪化石。包括冰封的俄罗斯北极地区、大风呼啸的纽芬兰、纳米比亚的沙漠和相对温和的英格兰中部。

8　据信狄更逊水母是一种动物，但具体是哪一类动物还不清楚。参见 Bobrovskiy *et al*., 'Ancient steroids establish the Ediacaran fossil *Dickinsonia* as one of the earliest animals', *Science* **361**, 1246-1249, 2018。

9　参见 Fedonkin and Waggoner, 'The Late Precambrian fossil *Kim-berella* is a mollusc-like bilaterian organism', *Nature* **388**, 868-871, 1997。

10　参见 Mitchell *et al*., 'Reconstructing the reproductive mode of an Edia-caran macro-organism', *Nature* **524**, 343-346, 2015。

11　格里高利·雷塔拉克提出，某些埃迪卡拉物曾生活在陆地上。这种理论至少是有争议的。参见 G. J. Retallack, 'Ediacaran life on land', *Nature* **493**, 89-92, 2013; S. Xiao and L. P. Knauth, 'Fossils come in to land', *Nature* **493**, 28-29, 2013。

12　参见 Chen *et al*., 'Death march of a segmented and trilobate bila-terian elucidates early animal evolution', *Nature* **573**, 412-415, 2019。

13　动物的坚硬部分总是由含钙化合物形成的。蛤蜊的壳含有碳酸钙，鱼和人类等脊椎动物的骨骼含有磷酸钙。参见 S. E. Peters and R. R. Gaines, 'Formation of the "Great Unconformity" as a trigger for the Cambrian Explosion', *Nature* **484**, 363-366, 2012。

14　是哪类生物形成的这种名为克劳德管虫的层叠圆锥骨架，这个问题很难证实。有些罕见的软组织化石表明，它们可能是由某种具有直通肠道的蠕虫状动物形成的。参见 Schiffbauer *et al*., 'Discovery of bilaterian-type through-guts in cloudinomorphs from the terminal Ediacaran Period', *Nature Communications* **11**, 205, 2020。

15　参见 S. Bengtson and Y. Zhao, 'Predatorial borings in Late Precambrian mineralized exoskeletons', *Science* **257**, 367-369, 1992。

16　至今为止，节肢动物是最成功的动物类群。它包括昆虫和昆虫的水生近亲甲壳类，千足虫和蜈蚣、蜘蛛、蝎子、螨虫和蜱，以及更神秘的海蜘蛛类和包括鲎在内的剑尾类，还有一大堆已经灭绝的生物如板足鲎，当然还有三叶虫。有爪动物是节肢动物的近亲，它们又称天鹅绒虫，在热带雨林的落叶堆里可以发现这类不起眼的动物。

但它们曾经在海洋中有过一段兴盛的历史。节肢动物的另一类近亲是缓步动物，或称水熊虫类。在苔藓丛中能找到它们。关于水熊虫最令人感兴趣的是，它们几乎无法被摧毁，无论是水煮、冰冻还是抽真空都不会死。如果漫威或DC（美国漫画公司）的人在看这本书，不妨考虑创作一个"缓步人"。这个点子免费送给你们了。

17 筛虾（*Tamisiocaris*）是奇虾的近亲，看起来习性比较温和。它的前额附肢上长着穗状的刷子，类似于鲸须或姥鲨的鳃耙，适合滤食浮游生物（Vinther *et al*., ' A suspension-feeding anomalocarid from the Early Cambrian ', *Nature* **507**, 496-499, 2014 ）。和许多寒武纪生物不同，有些奇虾种活到了奥陶纪，其中有一些滤食性奇虾长到了2米长（Van Roy *et al*., ' Anomalocaridid trunk limb homology revealed by a giant filter-feeder with paired flaps ', *Nature* **522**, 77-80, 2015 ）。

18 这种关于早期海洋生物的观点在20世纪80年代是公认的，但在今天看来它可能没有那么准确。当时斯蒂芬·杰·古尔德（Stephen Jay Gould）写出了《奇妙的生命》作为他对伯吉斯页岩的礼赞。是这本书让这个观点走进了公众视野。古尔德提出，许多伯吉斯动物和现存动物之间的亲缘关系都很远。

19 参见 Zhang *et al*., ' New reconstruction of the *Wiwaxia* scleritome, with data from Chengjiang juveniles ', *Scientific Reports* **5**, 14810, 2015。

20 参见 Caron *et al*., ' A soft-bodied mollusc with radula from the Middle Cambrian Burgess Shales ', *Nature* **442**, 159-163, 2006; S. Bengtson, ' A ghost with a bite ', *Nature* **442**, 146-147, 2006。

21 参见 M. R. Smith and J.-B. Caron, ' Primitive soft-bodied cephalopods from the Cambrian ', *Nature* **465**, 469-472, 2010; S. Bengtson, ' A little Kraken wakes ', *Nature* **465**, 427-428, 2010。

22 作为例子参见 Ma *et al*., ' Complex brain and optic lobes in an early Cambrian arthropod ', *Nature* **490**, 258-261, 2012。 这一观点当然是有争议的。有些研究人员提出，复原的抚仙湖虫神经系统没有看上去那么真实，而其实可能是内脏腐烂过程中细菌留下的痕迹。参见 Liu *et al*., ' Microbial decay analysis challenges interpretation of

putative organ systems in Cambrian fuxianhuiids', *Proceedings of the Royal Society of London B*, **285**: 20180051. http://dx.doi. org/10.1098/ rspb.2018.005。

23 关于埃迪卡拉纪如何过渡到寒武纪的精妙观点，可见于 Wood *et al*., 'Integrated records of environmental change and evolution challenge the Cambrian Explosion', *Nature Ecology & Evolution* 3, 528-538, 2019。

24 我们也可以补充说，许多动物类群的化石记录要么很稀少，要么完全不存在。其中主要是软体的寄生虫。线虫类的化石几乎是一片空白（只有极少量）。绦虫类化石则完全不曾被发现。

3 脊椎的起源

1 参见 Han *et al*., 'Meiofaunal deuterostomes from the basal Cambrian of Shaanxi (China)', *Nature* **542**, 228-231, 2017。皱囊虫是真实存在的，但它的内部结构是怎样的我们只能推测。脊柱动物大部分的早期历史都是有争议的。争议最大的问题之一就是奇特的古虫动物——我们后面会讲到它——是否有脊索。关于完整的故事和其中的潜在问题，请看我写的另一本书（*Across The Bridge: Understanding the Origin of the Vertebrates*, Chicago: University of Chicago Press, 2018）。

2 参见 Shu *et al*., 'Primitive deuterostomes from the Chengjiang Lagerstätte (Lower Cambrian, China)', *Nature* **414**, 419-424, 2001。我为这篇文章写了一篇评论：H. Gee, 'On being vetulicolian', *Nature* **414**, 407-409, 2001。

3 我在上海自然博物馆看到了一组漂亮的 3D 模型，栩栩如生地展现了位于中国南方的寒武纪澄江生物群。那里展示了许多神奇生物，其中包括一群在开阔水域游动的古虫动物。

4 这是陈均远等偏好的解读。参见 Chen *et al*., 'A possible early Cambrian chordate', *Nature* **377**, 720-722, 1995; 'An early Cambrian craniate-like chordate', *Nature* **402**, 518-522, 1999。但其他解读也不

能排除，关于远古的奇异化石往往存在多种解读。另一种解读参见 Shu *et al*., 'Reinterpretation of *Yunnanozoon* as the earliest known hemichordate', *Nature* **380**, 428-430, 1996。

5   参见 S. Conway Morris and J.-B. Caron, '*Pikaia gracilens Walcott*, a stem-group chordate from the Middle Cambrian of British Columbia', *Biological Reviews,* **87**, 480-512, 2012。

6   Shu *et al*., 'A *Pikaia*-like chordate from the Lower Cambrian of China', *Nature* **384**, 157-158, 1996。

7   应该说，脊椎动物的身体构造是两个差异很大的部分——用于进食的咽部和用于运动的尾部——的艰难结合。阿尔弗雷德·舍伍德·罗默（Alfred Sherwood Romer）在一篇难读但有创见的论文中抓住了这个要点。参见 'The vertebrate as a dual animal - somatic and visceral', *Evolutionary Biology* **6**, 121-156, 1972。

8   Chen *et al*., 'The first tunicate from the Early Cambrian of China', *Proceedings of the National Academy of Sciences of the United States of America* **100**, 8314-8318, 2003. 被囊动物至今仍是一类不被重视但非常成功的动物。有些被囊动物偏离了正文中所描述的生命周期。有些种类，如樽海鞘类和尾海鞘类的幼体成熟之后仍然可以运动。它们是海洋生态系统的重要组成部分。尾海鞘类体形很小，每只个体都会用黏液为自己制造一座结构十分精细的"房子"并住在里面。这些复杂结构对海洋碳循环十分重要。黏液构造物十分脆弱，地点又很偏僻，拍摄它们非常困难。不久前我们才刚刚得到它们的照片（Katija *et al*., 'Revealing enigmatic mucus structures in the deep sea using DeepPIV', *Nature* **583**, 78-82, 2020）。另一些被囊动物则进行聚居生活，它们几百或几千只个体融合成为一个超级有机体，有的固着生活，也有的在海中漂流。例如，火体虫类可以形成喇叭形的巨大群落，漂浮在水中。它们的个体非常小，但群落很大，大到可以让潜水员绕着游泳。有些被囊动物可以进行无性的出芽生殖，而有些拥有非常复杂的性生活。被囊动物的生活是一个无拘无束的海洋伊甸园。

9　几乎所有的被囊动物都是滤食性的，部分被囊动物成了食肉动物。有些生物很愿意尝试食肉，不论它们自己看起来有多么不适合。如果我们都熟悉的食肉植物没有吓到你的话，世界上甚至有食肉海绵（J. Vacelet and N. Boury-Esnault, 'Carnivorous sponges', *Nature* **373**, 333-335, 1995）。

10　不包括猫。

11　鱼类（确切地说是水生脊椎动物）有一套侧线感觉系统。而陆生脊椎动物（四足类）的这套系统退化成了位于内耳的前庭系统，这套系统给了我们方向感和空间感。

12　S. Conway Morris & J.-B. Caron, 'A primitive fish from the Cambrian of North America', *Nature* **512**, 419-422, 2014.

13　Shu *et al.*, 'Lower Cambrian vertebrates from south China', *Nature* **402**, 42-46, 1999.

14　用于滤食的咽部演变为一组鳃，这看起来是相当激进的变化，事实上也的确如此。不过如今有一种脊椎动物仍然会进行类似的变化，那就是七鳃鳗类的幼体。七鳃鳗类的幼体也叫沙隐虫，它的生活习性和文昌鱼类似，都是头向上埋在沉积物中滤食。七鳃鳗类幼体在成熟时滤食的咽部会发生形态变化，成为掠食动物。七鳃鳗类及其近亲盲鳗类（据我们所知，盲鳗类没有滤食阶段）和早期鱼类相似，其柔软无骨的身体由一根有弹性的脊索支撑，而且也没有颌。它们口中布满接近于角质的牙齿。七鳃鳗类和盲鳗类是凶残的掠食者，这证明动物没有颌也不是不能捕猎。

15　是什么机制驱使脊椎动物的体形长得这么大，这个问题的答案还不太清楚。对此有两种互相不矛盾的解释。一种是在脊椎动物的某些祖先那里，基因组（所有遗传物质的总和）自我复制了不止一次。复制出来的基因后来部分丢失了，但脊椎动物的基因组比起无脊椎动物基因组还是大了不止一倍。另一种解释是由于脊椎动物胚胎阶段有一个叫"神经嵴"的组织。中枢神经发育过程中，神经嵴细胞会离开中枢，扩散到全身各个部位，并（像魔法粉尘一样）改变未分化的身体各部分的形态。如果没有神经嵴，脊椎动物就不会有皮肤、脸、眼和耳。许多其他的小部件的生成，包括肾上腺和心脏的一些部位都依赖于神经嵴。可能是神经嵴带来的身体复杂性驱使着脊椎动物变大（参见 Green *et al.*,'Evolution of vertebrates as viewed from the crest', *Nature* **520**, 474-482, 2015）。众所周知，文昌鱼没有神经嵴，但是被囊动物有神经嵴存在的迹象（参见 Horie *et al.*,'Shared evolutionary origin of vertebrate neural crest and cranial placodes', *Nature* **560**, 228-232, 2018; Abitua *et al.*,'Identification of a rudimentary neural crest in a non-vertebrate chordate', *Nature* **492**, 104-107, 2012。

16 已知最大的无脊椎动物是大王酸浆鱿，据信体重可达 750 千克左右，这个重量和一头大熊差不多。体长最短的脊椎动物可能是新几内亚的阿马乌童蛙（*Paedophryne amauensis*），它只有 7.7 毫米长，体重则不清楚。体重最轻的哺乳动物是不到 2.6 克的小臭鼩（*Suncus etruscans*）和不到 2 克的凹脸蝠（*Craseonycteris thonglongyai*）。37.5 万只凹脸蝠才和一只大王酸浆鱿一样重。

17 关于早期脊椎动物化石记录的介绍，参见 P. Janvier,'Facts and fancies about early fossil chordates and vertebrates', *Nature* **520**, 483-489, 2015。

18 几乎是独一无二的。有些类似蛤蜊的腕足动物的壳也是磷酸钙构成的。而现代脊椎动物也有用碳酸钙强化的组织，那就是耳石。鱼类和我们人类依靠内耳里的耳石获得平衡感。

19 我们不知道脊椎动物为什么选择磷酸钙而不是碳酸钙。而且，磷酸盐是一种必需的营养物质，有时在海水里很稀少，而碳酸盐在任何地方都很丰富。脊椎动物可能是把磷酸钙作为磷酸盐的储备和一种防御手段。磷酸盐是遗传物质 DNA 不可或缺的组分。新陈代谢较快的大型动物（脊椎动物就是）比起较小的、新陈代谢较慢的动物，需要更多的磷酸盐。也许这就是它们选择磷酸钙的原因——既作仓库也作甲胄。

20 参见 A. S. Romer,'Eurypterid influence on vertebrate history', *Science* **78**, 114-117, 1933。

21 参见 Braddy *et al.*,'Giant claw reveals the largest ever arthropod',

Biology Letters **4**, doi/10.1098/rsbl.2007.0491, 2007。在那个遥远陌生的时代，有些耶克尔鲨的近亲偶尔会登上夜晚的海岸，在森林里爬行。想到这幅图景还挺吓人的。参见 M. Whyte,' A gigantic fossil arthropod trackway ', *Nature* **438**, 576, 2005。

22 参见 M. V. H. Wilson and M. W. Caldwell, 'New Silurian and Devonian fork-tailed " thelodonts" are jawless vertebrates with stomachs and deep bodies ', *Nature* **361**, 442-444, 1993。

23 有一种罕见的先天缺陷叫并眼畸形，患儿只有一只位于脸中间的眼，没有鼻，脑也没有分成左右半球。这种缺陷几乎总是导致死胎，即使胎儿出生也挺不过几个小时。这种可怕的疾病是由于大脑未能分裂成两半，脸也未能横向长宽导致的。或许可以说这是脸部演化过程早期形态的再现。

24 Gai *et al*.,' Fossil jawless fish from China foreshadows early jawed vertebrate anatomy ', *Nature* **476**, 324-327, 2011.

25 关于有颌脊椎动物的早期演化的有用导读，参见 M. D. Brazeau and M. Friedman,' The origin and early phylogenetic history of jawed vertebrates ', *Nature* **520**, 490-497, 2015。

26 也就是说，有颌脊椎动物有两对鳍，一共四只，我们的四肢正是由此发育出来的。至于为什么是两对，而不是三对、四对或零对我们就不知道了。许多鱼类除了成对的鳍以外，沿身体中线还有不成对的背鳍、臀鳍和尾鳍等。

27 盾皮鱼类虽然没有牙，但卧室里的功夫并不差。有充分的化石证据显示，盾皮鱼类通过体内受精繁殖，可能像现代的某些鲨鱼一样生产出幼体。例子见于 J. A. Long *et al*.,' Copulation in antiarch placo-derms and the origin of gnathostome internal fertilization ', *Nature* **517**, 196-199, 2015。

28 这不意味着演化过程是倒过来的。只不过是盾皮鱼的许多历史细节还有待发现。那些历史细节可能就沉睡在志留纪早期的岩层中。硬骨鱼的情况类似，它们是在中国南方的志留纪地层中被发现的。关于全颌鱼的细节，参见 M. Zhu *et al*.,' A Silurian placoderm with

osteichthyan-like marginal jaw bones ', *Nature* **502**, 188-193, 2013; and M. Friedman and M. D. Brazeau, ' A jaw-dropping fossil fish ', *Nature* **502**, 175-177, 2013。

29 绝大多数情况是这样。腔棘鱼类这样的高等硬骨鱼仍然保留着和七鳃鳗类或盲鳗类一样的脊索。

30 棘鱼的软骨质颅骨保存下来的极少。但是，泥盆纪的尸棘鱼（*Ptomacanthus*）和二叠纪的棘刺鲉（*Acanthodes*）两个属的颅骨足以证明棘鱼和鲨鱼之间的联系。参见 M. D. Brazeau, ' The braincase and jaws of a Devonian " acanthodian " and modern gnathostome origins ', *Nature* **457**, 305-308, 2009; and S. P. Davis *et al.*, ' *Acanthodes* and shark-like conditions in the last common ancestor of modern gnathostomes ', *Nature* **486**, 247-250, 2012。

31 Zhu *et al.*, ' The oldest articulated osteichthyan reveals mosaic gnathostome characters ', *Nature* **458**, 469-474, 2009.

4 登陆与奔跑

1 参见 Strother *et al.*, ' Earth ' s earliest non-marine eukaryotes ', *Nature* **473**, 505-509, 2011。

2 参见 G. Retallack, ' Ediacaran life on land ', *Nature* **493**, 89-92, 2013。

3 位于今天的北美洲东部。

4 这种印迹叫栅形迹（*Climactichnites*），留下它的很可能是某种类似巨型蛞蝓的动物。参见 P. R. Getty and J. W. Hagadorn, ' Palaeobiology of the *Climactichnites* tracemaker ', Palaeontology 52, 753-778, 2009。

5 一篇很好的关于陆生动物早期历史的综述见 W. A. Shear, ' The early development of terrestrial ecosystems ', *Nature* **351**, 283-289, 1991。

6 这被称为奥陶纪大辐射，简称 GOBE。关于这个兴盛的时期，可参考 T. Servais and D. A. T. Harper, 'The Great Ordovician Biodiversification Event (GOBE): definition, concept and duration ', *Lethaia* **51**, 151-164, 2018。

7　参见 Simon *et al.*, ' Origin and diversification of endomycorrhizal fungi and coincidence with vascular land plants ', *Nature* **363**, 67-69, 1993。

8　关于最早期森林的植物，有一本非常详细优秀的总结，参见 George McGhee, Jr. *Carboniferous Giants and Mass Extinction: The Late Paleozoic Ice Age World*, New York: Columbia University Press, 2018。

9　参见 Stein *et al.*, ' Giant cladoxylopsid trees resolve the enigma of the Earth's earliest forest stumps at Gilboa ', *Nature* **446**, 904-907, 2007。

10　这个观点完全是推测，但考虑到志留纪已经出现了高等盾皮鱼甚至某些现代鱼类，它也许不是那么不可靠。

11　参见 Zhu *et al.*, ' Earliest known coelacanth skull extends the range of anatomically modern coelacanths to the Early Devonian ', *Nature Communications* **3**, 772, 2012。

12　参见 P. L. Forey, ' Golden jubilee for the coelacanth *Latimeria cha-lumnae* ', *Nature* **336**, 727-732, 1988。

13　参见 Erdmann *et al.*, ' Indonesian " king of the sea" discovered ', *Nature* **395**, 335, 1998。

14　这种澳大利亚肺鱼的基因组是所有已知动物中最大的，相当于人类基因组的 14 倍。它和四足动物的基因组类似，但是里面堆满了漫长进化史上日积月累的垃圾。参见 Meyer *et al.*, ' Giant lungfish genome elucidates the conquest of the land by vertebrates ', *Nature* **590**, 284-289, 2021。

15　参见 Daeschler *et al.*, ' A Devonian tetrapod-like fish and the evo-lution of the tetrapod body plan ', *Nature* **440**, 757-763, 2006。

16　参见 Cloutier *et al.*, ' *Elpistostege* and the origin of the vertebrate hand ', *Nature* **579**, 549-554, 2020。

17　参见 Niedzwiedzki *et al.*, ' Tetrapod trackways from the early Mid-dle Devonian period of Poland ', *Nature* **463**, 43-48, 2010。

18　不像维纳斯的话，至少也是像乌尔苏拉·安德烈斯（Ursula Andress）在《007 之诺博士》中的出场那样。

19　参见 Goedert *et al.*, ' Euryhaline ecology of early tetrapods revealed by stable isotopes', *Nature* **558**, 68-72, 2018。很难想象最早的四足动物——基本就是两栖类——是从海里直接上岸的，尤其是考虑到我们熟悉的两栖类绝大多数生活在淡水环境。然而，也有不少两栖动物偶尔会在红树林沼泽等咸水环境中生活。在今天也是如此。参见 G. R. Hopkins and E. D. Brodie, ' Occurrence of amphibians in saline habitats: a Review and Evolutionary Perspective ', *Herpetological Monographs* **29**, 1-27, 2015。

20 参见 C. W. Stearn, ' Effect of the Frasnian-Famennian extinction event on the stromatoporoids ', *Geology* **15**, 677-679, 1987。

21 参见 P. E. Ahlberg, 'Potential stem-tetrapod remains from the Devonian of Scat Craig, Morayshire, Scotland ', *Zoological Journal of the Linnean Society of London* **122**, 99-141, 2008。

22 参见 Ahlberg *et al*., ' Ventastega curonica and the origin of tetrapod morphology ', *Nature* **453**, 1199-1204, 2008。

23 参见 O. A. Lebedev, [The first find of a Devonian tetrapod in USSR] *Doklady Akad. Nauk. SSSR.* **278**: 1407-1413, 1984（in Russian）。

24 参见 Beznosov *et al*., ' Morphology of the earliest reconstructable tetrapod *Parmastega aelidae* ', *Nature* **574**, 527-531, 2019; N. B. Fröbisch and F. Witzmann, ' Early tetrapods had an eye on the land ', *Nature* **574**, 494-495, 2019。

25 参见 Ahlberg *et al*., ' The axial skeleton of the Devonian tetrapod *Ichthyostega* ', *Nature* **437**, 137-140, 2005。

26 参见 M. I. Coates and J. A. Clack, ' Fish-like gills and breathing in the earliest known tetrapod ', *Nature* **352**, 234-236, 1991。

27 参见 Daeschler *et al*., ' A Devonian Tetrapod from North America ', *Science* **265**, 639-642, 1994。

28 参见 M. I. Coates and J. A. Clack, ' Polydactyly in the earliest known tetrapod limbs ', *Nature* **347**, 66–69, 1990。

29 参见 Clack *et al*., ' Phylogenetic and environmental context of a Tournaisian tetrapod fauna ', *Nature Ecology & Evolution* **1**, 0002, 2016。

30　参见 J. A. Clack, ' A new Early Carboniferous tetrapod with a *mélange* of crown-group characters ', *Nature* **394**, 66-69, 1998。

31　参见 T. R. Smithson, ' The earliest known reptile ', *Nature* **342**, 676-678, 1989; T. R. Smithson and W. D. I. Rolfe, ' Westlothiana gen. nov.: naming the earliest known reptile ', *Scottish Journal of Geology* **26**, 137-138, 1990。

5 羊膜动物崛起

1　参见 Yao *et al.*, ' Global microbial carbonate proliferation after the end-Devonian mass extinction: mainly controlled by demise of skeletal bioconstructors ', *Scientific Reports* **6**, 39694, 2016。

2　参见 J. A. Clack, ' An early tetrapod from " Romer's Gap " ', *Nature* **418**, 72-76, 2002。

3　参见 Clack *et al.*, ' Phylogenetic and environmental context of a Tournaisian tetrapod fauna ', *Nature Ecology & Evolution* **1**, 0002, 2016。

4　参见 Smithson *et al.*, ' Earliest Carboniferous tetrapod and arthropod faunas from Scotland populate Romer's Gap ', *Proceedings of the National Academy of Science of the United States of America*, **109**, 4532-4537, 2012。

5　参见 Pardo *et al.*, ' Hidden morphological diversity among early tetrapods ', *Nature* **546**, 642-645, 2017。

6　比礼花要慢得多——可能需要数年时间。

7　有些昆虫看起来只有一对翅膀，但实际上它们只是把另一对伪装了起来。甲虫靠前的一对翅膀演变成了坚硬的鞘。苍蝇的第二对翅膀缩小成一对短棒，能快速旋转，起到陀螺仪的作用。这就是苍蝇的机动性如此优秀，用卷起的报纸很难打死它的部分原因。

8　参见 A. Ross, ' Insect Evolution: the Origin of Wings ', *Current Biology* **27**, R103-R122, 2016。遗憾的是，古网翅目早已在二叠纪末和它们赖以为生的森林一起灭绝了。

9　我必须感谢小乔治·麦吉的《石炭纪巨人和大规模灭绝：晚古代冰河时代的世界》，这本书生动详细地描述了煤炭森林中的生命图景。

10 在苏格兰爱丁堡附近的东柯克顿有一个石灰岩采石场,那里奇迹般地开启了一扇观察石炭纪早期煤炭森林生物群落的窗口。大约3.3亿年前,这个地方位于赤道附近,保留了大量的动物遗骸,包括早期两栖动物,羊膜动物（及其近亲）,还有节肢动物如千足虫、蝎子和已知最早的盲蜘蛛,以及巨型板足鲎的碎片。之所以形成这个宝库,是因为这里的地质条件非常活跃,有许多很可能不利于生命存活的热泉。附近存在火山活动,其喷出的火山灰偶尔会覆盖一切。同时还存在大量的无氧黑色淤泥,可以把生物体完整地保存起来。这里没有发现鱼类。相关地质学问题的综述,参见 Wood *et al.*, ' A terrestrial fauna from the Scottish Lower Carboniferous ', *Nature* **314**, 355-356, 1985; A. R. Milner, ' Scottish window on terrestrial life in the early Carboniferous ', *Nature* **314**, 320-321, 1985。除了西洛仙蜥等相当接近羊膜动物的生物以外,在东柯克顿还发现了属于斜眼螈科的一种动物——它所属的类群既非羊膜动物也非两栖动物。这说明在那个时期,仅从形态上观察是无法断定哪种动物属于哪一类的。我们也不知道哪种动物生什么样的蛋,更不知道两栖动物的卵和羊膜动物的卵之间是否存在过渡形态。所发现的这个物种被命名为黑潟湖真生螈,字面意义是来自黑色潟湖的生物（J. A. Clack, ' A new early Carboniferous tetrapod with a mélange of crowngroup characters ', *Nature* **394**, 66-69, 1998）。

11 虽然说这里有一些推测成分,但是有些现代两栖类确实采取了这些生存策略,因此有理由推测它们的远古祖先也采取过相同的策略。

12 我们人类并不产卵,但是保留了这些膜的组合,包括羊膜。胚胎就在羊膜囊中发育。产妇宣称她"羊水破了"的时候,她指的是羊膜囊破裂,幼仔就要孵化了。当然我们是人类,正确的说法是新生儿就要出生了。

13 甚至恐龙蛋的壳也是革质的,已知最大的卵化石也是一样（可能是一只水生爬行动物的蛋）。参见 Norell *et al.*, ' The first dinosaur egg was soft ', Nature doi.org/10.1038/s41586-020-2412-8, 2020;

Legendre *et al*., ' A giant soft-shelled egg from the Late Cretaceous of Antarctica ', *Nature* doi.org/10.1038/s41586-020-2377-7, 2020; J. Lindgren and B. P. Kear, ' Hard evidence from soft fossil eggs ', *Nature* doi.org/10.1038/d41586-020-01732-8, 2020。

14 关于盘古大陆的形成及分裂，特别是二叠纪末生命几乎完全崩溃的事件，详细的描述见于特德·尼尔德的《超大陆》以及迈克尔·J. 本顿（Michael J.Benton）的《当生命几乎灭绝》（*When Life Nearly Died*, London: Thames & Hudson, 2003 ）。

15 参见 Sahney *et al*., ' Rainforest Collapse triggered Carboniferous tetrapod diversification in Euramerica ', *Geology* **38**, 10791082, 2010。

16 参见 M. Laurin and R. Reisz, ' Tetraceratops is the earliest known therapsid ', *Nature* **345**, 249-250, 1990。

17 兽孔类是 "therapsida"，兽形类是 "theropsida"，治疗师是 "therapist"。

18 地幔柱不同于板块漂移导致的大陆碰撞和挤压。它们产生于地球深处地幔和地核交界的地方。局部的温度异常会导致岩浆上涌到地壳，让地壳融化。现在地球上的一些著名地点就是岩浆柱形成的，比如冰岛（地幔柱正好位于大洋中部的扩张中心）和夏威夷（地幔柱在板块中心）。地幔柱可以持续数百万年，但在这期间也有停息的时候。这意味着如果一个稳定的地幔柱上方是正在漂移的板块，那么就会造成一串按照形成时间顺序排列的群岛，就像缝纫机在移动的布料上留下一串针脚一样。例如，太平洋板块一直在向西北漂移，板块下方的地幔柱产生了一系列岛屿，离热点越远的岛屿越古老。这意味着位于最靠东南方向的夏威夷岛正坐落在地幔柱上，仍然存在活跃的火山活动；而靠西北方的毛伊岛和瓦胡岛则只有休眠火山和死火山。继续向西北方前行，我们会看到岛屿因为侵蚀作用而越来越小，甚至成为很小的环礁，例如最远处的莱桑岛和中途岛。这两个岛曾经和夏威夷岛一样又大又美，但是板块漂移把它们带离了地幔柱的所在之处，在漫长的时间里，风化作用把它们的美丽都抹平了。随着板块漂移，夏威夷岛本身也会慢慢地衰落，火山活动将集中在位于夏威夷岛东南方海下 975 米的罗希海底山。

19 这个现象叫作"珊瑚白化",我们今天由于大气二氧化碳持续增加也可以观察到这一现象。

20 现存的珊瑚礁都是由除此之外的一类石珊瑚形成的,石珊瑚类出现于三叠纪。而属于床板珊瑚类和皱纹珊瑚类的多样性,以及它们支撑的生物群落的多样性,我们则只能从化石中看到了。

21 Grasby *et al.*,' Toxic mercury pulses into late Permian terrestrial and marine environments ', *Geology* doi.org/10.1130/ G47295.1, 2020.

22 海百合类自由移动的形态叫羽毛星,如今通常生活在深海。

23 关于海胆最后一个属——小头帕海胆(*Miocidaris*)——的故事,参见 Erwin,' The Permo-Triassic Extinction ', *Nature* **367**, 231-236, 1994。

6 三叠纪公园

1 恐龙是三叠纪后期出现的。任何关于史前生物的讨论总是让恐龙唱主角,这实在是一件憾事。因为三叠纪的爬行动物虽然个头不如恐龙大,但形态的多样性不比恐龙低,而且在我们看来,它们至少和恐龙一样陌生。关于恐龙的书不胜枚举,而关于三叠纪的书却屈指可数。我向读者特别推荐一本大作,作者是尼古拉斯·弗雷泽(Micholas Fraser),插图作者是道格拉斯·亨德森(Douglas Henderson)。它的副书名其实是真正的书名,叫《三叠纪的生命》(*Life In The Triassic*),但是为了卖书只能屈居于副位,而正书名叫《恐龙的黎明》(*Dawn of the Dinosaurs*, Bloomington: Indiana University Press, 2006)。这本书很难找到,我手上的是一本二手书。佛罗里达州皮内拉斯帕克市的公共图书馆已经把这本书从馆藏目录中删除了。我打赌那个图书馆一定有成排的关于恐龙的书。

2 参见 Li *et al.*,' An ancestral turtle from the Late Triassic of southwestern China ', *Nature* **456**, 497-501, 2008; Reisz and Head,' Turtle origins out to sea ', *Nature* **456**, 450-451, 2008。

3 参见 R. Schoch and H.-D. Sues,' A Middle Triassic stem-turtle and the evolution of the turtle body plan ', *Nature* **523**, 584-587, 2015。后来的

一篇再评估认为，罗氏祖龟更可能是陆地上的穴居动物，而不是在海中游泳的动物。参见 Schoch *et al.*, ' Microanatomy of the stem-turtle *Pappochelys rosinae* indicates a predominantly fossorial mode of life and clarifies early steps in the evolution of the shell ', *Scientific Reports* **9**, 10430, 2019。

4　参见 Li *et al.*, ' A Triassic stem turtle with an edentulous beak ', *Nature* **560**, 476-479, 2018。

5　参见 Neenan *et al.*, ' European origin of placodont marine reptiles and the evolution of crushing dentition in Placodontia ', *Nature Communications* **4**, 1621, 2013。

6　如果你认为我是在瞎编，那么你说的有一部分道理。镰龙的解剖结构我们无法理解。有人认为它能在水中游泳，有人认为它可以用卷尾爬树，有人认为它是穴居动物，还有人根据它类似鸟类的颅骨认为它是鸟的早期近亲。

7　例子见于 Chen *et al.*, ' A small short-necked hupehsuchian from the Lower Triassic of Hubei Province, China ', *PLoS ONE* **9**, e115244, 2014。

8　参见 E. L. Nicholls and M. Manabe, ' Giant ichthyosaurs of the Tri-assic-a new species of *Shonisaurus* from the Pardonet Formation (Norian: Late Triassic) of British Columbia ', *Journal of Vertebrate Paleontology* **24**, 838-849, 2004。

9　参见 Simões *et al.*, ' The origin of squamates revealed by a Middle Triassic lizard from the Italian Alps ', *Nature* **557**, 706-709, 2018。

10　参见 Caldwell *et al.*, ' The oldest known snakes from the Middle Jurassic-Lower Cretaceous provide insights on snake evolution ', *Nature Communications* **6**, 5996, 2015。

11　参见 M. W. Caldwell and M. S. Y. Lee, ' A snake with legs from the marine Cretaceous of the Middle East ', *Nature* **386**, 705-709, 1997。

12　参见 S. Apesteguía and H. Zaher, ' A Cretaceous terrestrial snake with robust hindlimbs and a sacrum ', *Nature* **440**, 1037-1040, 2006。

13 恐龙和翼龙的共同祖先可能是一种很小的动物，这样就能解释为什么恐龙和翼龙都倾向于保持恒温并长有羽毛。参见 Kammerer *et al.*, ' A tiny ornithodiran archosaur from the Triassic of Madagascar and the role of miniaturization in dinosaur and pterosaur ancestry ', *Proceedings of the National Academy of Sciences of the United States of America* doi.org/10.1073/ pnas.1916631117, 2020。翼龙世系根源的确定曾是一项特别困难的工作。属于主龙类的一种两足动物兔蜥为此提供了线索。兔蜥肯定是不会飞的，但是它脑部和腕部的解剖结构是翼龙特有的，这表明兔蜥与翼龙的亲缘关系比任何其他动物都更近。参见 Ezcurra *et al.*, ' Enigmatic dinosaur precursors bridge the gap to the origin of Pterosauria ', *Nature* **588**, 445-449, 2020; andK. Padian, ' Closest relatives found for pterosaurs, the first flying vertebrates ', *Nature* **588**, 400-401, 2020。

14 对这些发现的总结，可见于 1984 年出版的一篇出色的论文：' Bio-mechanics of *Pteranodon* ', *Philosophical Transactions of the Royal Society of London B* **267**, http://doi.org/10.1098/rstb.1974.0007。20 世纪 80 年代初，我在利兹大学上学的时候，我的教授罗伯特·麦克尼尔·亚历山大（Robert McNeill Alexander）为我指定了一项图书馆研究计划。亚历山大是生物力学——研究动物运动的科学——的领军人物，所以我的论文讲了很多空气动力学的内容：升力、阻力、滑翔极线图、山坡动力气流翱翔、地面效应等。亚历山大指导我阅读了上面这篇经典论文。

15 蝙蝠是现存唯一能飞行而不是只能滑翔的哺乳动物，但它们没有鸟类那种凸起的胸骨。

16 参见 S. J. Nesbitt *et al.*, ' The earliest bird-line archosaurs and the assembly of the dinosaur body plan ', *Nature* **544**, 484-487, 2017。

17 最早的西里龙是阿希利龙（*Asilisaurus*），它生活在三叠纪的坦桑尼亚。参见 Nesbitt *et al.*, ' Ecologically distinct dinosaurian sister group shows early diversification of Ornithodira ', *Nature* **464**, 95-98, 2010。

18 参见 Sereno *et al.*, ' Primitive dinosaur skeleton from Argentina and the

early evolution of Dinosauria', *Nature* **361**, 64-66, 1993。

7 飞翔的恐龙

1 关于从两足行走到飞行的转变,一篇详尽的生物力学研究见于 Allen *et al.*,' Linking the evolution of body shape and locomotor biomechanics in bird-line archosaurs', *Nature* **497**, 104-107, 2013。

2 参见 J. F. Bonaparte and R. A. Coria, ' Un nuevo y gigantesco sauropodo titanosaurio de la Formacion Rio Limay（AlbianoCenomaniano）de la Provincio del Neuquen, Argentina', *Ameghiniana* **30**, 271-282, 1993。

3 参见 R. A. Coria and L. Salgado, ' A new giant carnivorous dinosaur from the Cretaceous of Patagonia', *Nature* **377**, 224-226, 1995。

4 受制于后肢的大小,霸王龙只能缓步行走,而无法拥有更快的速度。如果要跑起来的话,它们腿伸肌的重量必须占体重的 99%,而且是每条腿各占 99%,不是两条加在一起。因此奔跑是不可行的。参见 J. R. Hutchinson and M. Garcia, ' *Tyrannosaurus* was not a fast runner', *Nature* **415**, 1018-1021, 2002。

5 参见 Erickson *et al.*, ' Bite-force estimation for *Tyrannosaurus rex* from tooth-marked bones ', *Nature* **382**, 706-708, 1996; P. M. Gignac and G. M. Erickson, ' The biomechanics behind extreme osteophagy in *Tyrannosaurus rex*', Scientific Reports 7, 2012, 2017。

6 现在已经发现了一些巨型肉食性恐龙的粪化石。它们很有可能出自霸王龙。有一块粪化石长 44 厘米,宽 13 厘米,高 16 厘米,重量超过 7 千克,其中超过一半都是骨头碎片。详见 Chin *et al.*, ' A king-sized theropod coprolite', *Nature* **393**, 680-682, 1998。

7 参见 Schachner *et al.*, 'Unidirectional pulmonary airflow patterns in the savannah monitor lizard', *Nature* **506**, 367-370, 2014。

8 例子见于 P. O'Connor and L. Claessens, ' Basic avian pulmonary design and flow-through ventilation in non-avian theropod dinosaurs', *Nature* **436**, 253-256, 2005。这篇文章描述了气囊是如何穿过玛君颅龙（*Majungatholus*

atopus）的修长骨骼的。玛君颅龙曾是生活在马达加斯加的一种肉食性恐龙。

9 想象一块边长为 1 厘米的立方体方糖。它的体积是 $1 \times 1 \times 1 = 1$ 立方厘米。立方体有六个面积相等的面，所以方糖的表面积为 $6 \times 1 \times 1 = 6$ 平方厘米，表面积与体积之比为 6:1。现在，再想象一块边长为 2 厘米的方糖。它的体积是 $2 \times 2 \times 2 = 8$ 立方厘米，而表面积为 $6 \times 2 \times 2 = 24$ 平方厘米，表面积与体积之比为 24:8，也就是 3:1。简单地说，如果将立方体的尺度扩大一倍，则表面积与体积之比就会减小一半。

10 要知道：人体的表面积只有 1.5~2 平方米，但双侧肺脏内部的表面积可达 50~75 平方米。

11 这种现象叫作巨温性（gigantothermy），它可以解释为什么大型类冷血动物——如体重超过 900 千克的棱皮龟——可以在冰冷的海水中游泳时保持体温。参见 Paladino *et al*., ' Metabolism of leatherback turtles, gigantothermy, and thermoregulation of dinosaurs ', *Nature* **344**, 858-860, 1990。

12 关于这个话题富于深刻见解的讨论，参见 Sander *et al*., ' Biology of the sauropod dinosaurs: the evolution of gigantism ', *Biological Reviews of the Cambridge Philosophical Society* **86**, 117-155, 2011。

13 翼龙体表的绒毛可能也是羽毛的变体，参见 Yang *et al*., ' Pterosaur integumentary structures with complex feather-like branching ', *Nature Ecology & Evolution* **3**, 24-30, 2019。

14 动物有的用羽毛保温，有的用毛发保温，海生的流线型生物用脂肪保温。鲸和海豹等海洋哺乳类有很厚的脂肪层，既可以为身体核心部分保温，也可以抹平身体的突起和凹陷处，让体形更符合流体力学。已经灭绝的海洋爬行动物鱼龙，看起来很像现代的海豚，二者应该是出于同样的原因都有厚厚的脂肪层。参见 Lindgren *et al*., ' Soft-tissue evidence for homeothermy and crypsis in a Jurassic ichthyosaur ', *Nature* **564**, 359-365, 2018。

15 参见 Zhang *et al*., ' Fossilized melanosomes and the colour of Creta-ceous dinosaurs and birds ', *Nature* **463**, 1075-1078, 2010; Xu *et al*., ' Exceptional

dinosaur fossils show ontogenetic development of early feathers ', *Nature* **464**, 1338-1341, 2010; Li *et al.*, ' Melanosome evolution indicates a key physiological shift within feathered dinosaurs ', *Nature* **507**, 350-353, 2014; Hu *et al.*, ' A bony-crested Jurassic dinosaur with evidence of iridescent plumage highlights complexity in early paravian evolution ', *Nature Communications* **9**, 217, 2018。

16 海洋中的情况与陆地上的不同，海水的浮力可以支撑更大的身体。此外，胎生对海洋生物更有利，因为像海龟那样回到海岸产蛋要冒很大的风险。也许这可以解释为什么最早的有颌脊椎动物——盾皮鱼类——是胎生的，而且许多鱼类包括鲨鱼也是胎生的。鱼龙是在三叠纪时期返回海洋的羊膜动物，它们也采取了胎生的繁殖方式，这一点和鲸很像。包括鲸在内的哺乳动物几乎全部是胎生的。已知的最大动物（比最大的恐龙还要大）就出自鲸类。

17 侏罗纪早期的卡岩塔兽（*Kayentatherium*）发现于亚利桑那，它属于三瘤齿兽科。三瘤齿兽科是出现较晚的一类兽孔目动物，它们距离成为哺乳动物只差一点。卡岩塔兽很可能有毛发，但同时我们几乎可以肯定它是卵生的。一只卡岩塔兽一次至少产蛋 38 只，这个数目比任何哺乳动物的产仔数量都高得多。参见 Hoffman and Rowe, ' Jurassic stem-mammal preinates and the origin of mammalian reproduction and growth ', *Nature* **561**, 104-108, 2018。

18 参见 Schweitzer *et al.*, ' Gender-specific reproductive tissue in ratites and *Tyrannosaurus rex* ', *Science* **308**, 1456-1460, 2005; Schweitzer *et al.*, ' Chemistry supports the identification of gender-specific reproductive tissue in *Tyrannosaurus rex* ', Scientific Reports 6, 23099, 2016。

19 参见 G. E. Erickson *et al.*, ' Gigantism and comparative life history parameters of tyrannosaurid dinosaurs ', *Nature* **430**, 772-775, 2004。

20 对于飞行的鸟类来说，怀胎是个极沉重的负担。恐龙会飞的表亲翼龙和鸟类一样采取卵生的繁殖方式可能不是巧合。参见 Ji *et al.*, ' Pterosaur egg with a leathery shell ', *Nature* **432**, 572, 2004。此外，翼龙也有类似羽毛的隔温层和轻量化的骨架。

21　鹅和天鹅等水禽就是迎风奔跑起飞的。看到它们起飞如此费力，我们可以想象，假设它们体形再大一点，可能就根本无法起飞了。同样地，飞机也是通过这种方式起飞的，但是飞机不能扑动机翼。要使大型喷气式飞机飞起来需要很高的能量，这也就是为什么大型客机往往配备巨大的、推力惊人的引擎。当然，看过大飞机的我们都知道，什么物理定律也不能把这么大的家伙举到半空中。飞机能飞完全是因为我们对它有信仰，如果信仰不坚定了飞机就会掉下来。我确实就是这么想的，但别告诉任何人，这是我们之间的小秘密，好吧？

22　泰姆·怀特（Time White）提醒我说，有些无翅蚁虽然体形很小，可以被视作大气浮游生物，但从某种角度看，它们可以滑翔。参见 Yanoviak *et al.*, ' Aerial manoeuvrability in wingless gliding ants （*Cephalotes atratus*）', *Proceedings of the Royal Society of London B*, **277**, 2010, https://doi.org/10.1098/rspb.2010.0170。

23　例子见于 Meng *et al.*, ' A Mesozoic gliding mammal from nor-theastern China ', *Nature* **444**, 889-893, 2006。

24　不过，体形较小的跳伞者往往使用丝或刚毛，而不是平面的翼。我们可以想到，有些蜘蛛会抓住很长的丝在空气中飘过，还有自古以来害相思病的年轻人爱吹的蒲公英种子。蒲公英种子附着在一团烟筒刷子状的毛丛上，可以飘几英里远。毛丛不是把空气挡在下面，而是允许大部分空气穿过，而这正是它神奇的地方。穿过毛丛的空气会形成湍流，在毛丛的上方形成一个烟圈状的结构。这个结构会制造一个形状像压扁的面包圈的低压区，类似于小型龙卷风或热带风暴中心。这样毛丛就会受到向上的吸力，导致其下降率降低。参见 Cummins *et al.*, ' A separated vortex ring underlies the flight of the dandelion ', *Nature* **562**, 414-418, 2018。

25　通过在一处当代野生动物栖息地——纽约市曼哈顿区——研究现代猫，科学家们增进了对远古动物滑翔能力早期发展史的认识。纽约的兽医往往很熟悉猫所罹患的"高层建筑综合征"，这种疾病常见于由于过分富有冒险精神而摔出窗外的个体。兽医们对猫受伤的严重程度与掉落的楼层数之间的关系绘制了图表。随着楼层数从零开始逐渐增高，受伤严重性也逐渐上升。但是楼层高到一定程度以后，猫的受伤程度开始降低，而不是继续升高。兽医引用了一只猫从 32 楼坠落的案例，这只猫除了胸部轻伤，一颗牙和自尊受挫以外完好无损。猫有九条命的说法不是空穴来风。似乎是因为在猫坠落的时候，它们的肌肉放松，四肢水平张开，从而形成了某种意义上的降落伞。猫坠地的时候，下巴和腹部也许会受伤，但是有一定的机会活下来。参见 W. O. Whitney and C. J. Mehlhaff, 'High-rise syndrome in cats', *Journal of the American Veterinary Medical Association* **192**, p. 542, 1988。

26 参见 F. E. Novas and P. F. Puertat, 'New evidence concerning avian origins from the Late Cretaceous of Patagonia', *Nature* **387**, 390-392, 1997。

27 参见 Norell *et al.*, 'A nesting dinosaur', *Nature* **378**, 774-776, 1995。

28 例子见 Xu *et al.*, 'A therizinosauroid dinosaur with integumentary structures from China', *Nature* **399**, 350-354, 1999。这篇论文描述了北票龙（*Beipiaosaurus*）类似羽毛的结构。北票龙是一种非常奇怪和丑陋的镰龙类。它是属于兽脚类的肉食性恐龙，但转变成了植食性。它的空气动力学特性和煤渣砖的一样糟糕。同时参见 Xu *et al.*, 'A gigantic bird-like dinosaur from the Late Cretaceous of China', *Nature* **447**, 844-847, 2007。这篇论文描述了巨盗龙（*Gigantoraptor*），它身长 8 米，体重 1 400 千克，属于窃蛋龙类。但是窃蛋龙类的其他成员有着类似于鸟类的轻盈身躯。我们可以肯定，巨盗龙是不会飞的，至于它是否有羽毛还不确定。

29 蒙大拿大学的肯·迪亚尔（Ken Dial）探究了石鸡（一种山鹑）的雏鸟是如何用翅膀协助自己跑上陡坡的，这被称为"扑翼辅助的爬坡运动"——它对弱小的动物逃避捕食者应该是很有用的。参见 Dial *et al.*, 'A fundamental avian wing-stroke provides a new perspective on the evolution of flight', *Nature* **451**, 985-989, 2008。

30 Xu *et al.*, 'The smallest known non-avian theropod dinosaur', *Nature*

408, 705-708, 2000; Dyke *et al.*,‘ Aerodynamic performance of the feathered dinosaur *Microraptor* and the evolution of feathered flight ’, *Nature Communications* **4**, 2489, 2013.

31 Hu *et al.*,‘ A pre-*Archaeopteryx* troödontid theropod from China with long feathers on the metatarsus ’, *Nature* **461**, 640-643, 2009.

32 参见 F. Zhang *et al.*,‘ A bizarre Jurassic maniraptoran from China with elongate, ribbon-like feathers ’, *Nature* **455**, 11051108, 2008。

33 参见 Xu *et al.*,‘ A bizarre Jurassic maniraptoran theropod with preserved evidence of membranous wings ’, *Nature* **521**, 70-73, 2015; and Wang *et al.*,‘ A new Jurassic scansoriopterygid and the loss of membranous wings in theropod dinosaurs ’, *Nature* **569**, 256-259, 2019。

34 能确定的是，我们没有发现哪种蝙蝠退化掉了飞行能力。只有新西兰的短尾蝠大多数时间在地面生活。也没有哪种翼龙退化掉了其飞行能力，除非你认为某些推测性的翼龙复原模型一定不会飞。

35 参见 Field *et al.*,‘ Complete *Ichthyornis* skull illuminates mosaic assembly of the avian head ’, *Nature* **557**, 96-100, 2018。

36 首次发现的这类古怪生物——单爪龙（*Mononykus*）——的报告见于 Altangerel *et al.*,‘ Flightless bird from the Cretaceous of Mongolia ’, *Nature* **362**, 623-626, 1993。阿瓦拉慈龙的另一成员鸟面龙（*Shuvuuia*）的发现见于 Chiappe *et al.*,‘ The skull of a relative of the stem-group bird *Mononykus* ’, *Nature* **392**, 275-278, 1998。第二篇文章可以证明第一篇的发现不是孤立的。

37 参见 Field *et al.*,‘ Late Cretaceous neornithine from Europe illu-minates the origins of crown birds ’, *Nature* **579**, 397-401, 2020, 以及同时刊登的评论文章 K. Padian,‘ Poultry through time ’, *Nature* **579**, 351-352, 2020。南极洲的维加鸟可能是另一种接近水禽的白垩纪鸟类。参见 Clarke *et al.*,‘ Definitive fossil evidence for the extant avian radiation in the Cretaceous ’, *Nature* **433**, 305-308, 2005。维加鸟的鸣管发育完好（Clarke *et al.*,‘ Fossil evidence of the avian vocal organ from the Mesozoic ’, *Nature* **538**, 502-505, 2016; P. M. O ’ Connor,‘ Ancient avian aria from

Antarctica ', *Nature* **538**, 468-469, 2016), 鸣管是鸟类标志性的发声器官, 不论是鹅的吭鸣还是夜莺的啼啭, 都是由鸣管发出的声音。传说中后者可以在伯克利广场听到, 当且仅当天使在里兹大饭店吃饭的时候。

38 注意我说的是"几乎", 因为生物学重视例外情况。欧洲至少有一项角龙的化石记录。例如 Ösi *et al*., ' A Late Cretaceous ceratopsian dinosaur from Europe with Asian affinities ', *Nature* **465**, 466-468, 2010; Xu, ' Horned dinosaurs venture abroad ', *Nature* **465**, 431-432, 2010。

39 参见 Sander *et al*., ' Bone histology indicates insular dwarfism in a new Late Jurassic sauropod dinosaur ', *Nature* **441**, 739-741, 2006。

40 参见 Buckley *et al*., ' A pug-nosed crocodyliform from the Late Cretaceous of Madagascar ', *Nature* **405**, 941-944, 2000。

41 参见 M. W. Frohlich and M. W. Chase, ' After a dozen years of progress the origin of angiosperms is still a great mystery ', *Nature* **450**, 1184-1189, 2007。

42 例子见于 Rosenstiel *et al*., ' Sex-specific volatile compounds infl-uence microarthropod-mediated fertilization of moss ', *Nature* **489**, 431-433, 2012。

43 令人想到木卫一和木卫二。二者都是木星的卫星, 但是彼此差异很大。木卫一的火山活动不停地重塑它的地表, 而木卫二被冰层覆盖, 冰层下方是液态海洋。

44 参见 Bottke *et al*., ' An asteroid breakup 160 Myr ago as the probable source of the K/T impactor ', *Nature* **449**, 48-53, 2007; P. Claeys and S. Goderis, ' Lethal billiards ', *Nature* **449**, 30-31, 2007。

45 参见 Collins *et al*., ' A steeply inclined trajectory for the Chicxulub impact ', *Nature Communications* **11**, 1480, 2020。

46 鱼龙早在此前数百万年就灭绝了, 没有见到世界末日的乱象。

47 参见 Lowery *et al*., ' Rapid recovery of life at ground zero of the end-Cretaceous mass extinction ', *Nature* **558**, 288-291, 2018。

8 伟大的哺乳类

1   参见 J. A. Clack, 'Discovery of the earliest-known tetrapod stapes ', *Nature* **342**, 425-427, 1989; A. L. Panchen, 'Ears and vertebrate evolution ', *Nature* **342**, 342-343, 1989; J. A. Clack, 'Earliest known tetrapod braincase and the evolution of the stapes and fenestra ovalis ', *Nature* **369**, 392-394, 1994。鱼石螈是棘螈的近亲，它的中耳似乎被改造成了某种独特的水下听觉器官，和演化史上任何听觉器官都不同。参见 Clack *et al.*, 'A uniquely specialized ear in a very early tetrapod ', *Nature* **425**, 65-69, 2003。

2   喷水孔连通着口腔和外界，但是鼓膜的出现形成了一道屏障，将中耳和外界隔开。但是，中耳仍然是和口腔连通的。当你吞咽的时候能感受到这一点：通过吞咽动作和咽鼓管的作用，中耳和外界的压力可以达到平衡。当你患鼻伤风时会感到听力模糊，也是这个原因——咽鼓管充满了黏液，因此中耳的压力和外界很难平衡，这会导致鼓膜的功能下降。这样我们就可以解释为什么飞机起降的时候耳朵会难受。即使坐在加压的机舱中，外部气压的突变也会刺激鼓膜。这时候最好做几次吞咽动作，也就是让空气通过咽鼓管而不要使之阻塞。擤鼻子也可以实现同样的效果。成年人的咽鼓管是向下倾斜的，如果里面有黏液也会自然排干。而小孩子的咽鼓管是水平的——可爱的小孩子往往是拖着鼻涕的病原体媒介——所以黏液会堵在咽鼓管里，形成"胶耳"的现象。在鼓膜上开个小孔可以治疗这个问题。鼓膜会自动痊愈，而孩子长大后就会摆脱胶耳的困扰。

3   在雀形目中，巴西亚马孙地区的白钟伞鸟（*Procnias albus*）的叫声是最响亮的。雄鸟在求偶的时候会朝着雌鸟高声鸣叫，后者不得不忍受高达 125 分贝的声音。(J. Podos and M. Cohn-Haft, 'Extremely loud mating songs at close range in white bellbirds ', *Current Biology* doi.org/10.1016/j.cub.2019.09.028, 2019.) 这么大的声音会给人类带来痛觉。我最喜欢的深紫乐队（Deep Purple）1972 年在伦敦彩虹剧院演出时，声压达到了 117 分贝，这一数值载入了吉尼斯世界纪录。

三名观众在现场昏了过去。不过吉尼斯世界纪录后来不再收录这方面的信息了，所以后来的一些报道（例如，2009年渥太华KISS乐队在渥太华的演唱会声音达136分贝）都是非正式的。不论如何，由于音量和分贝数是指数关系，白钟伞鸟的叫声比深紫乐队震耳欲聋的表演还要响两倍。我们不禁疑惑雌性白钟伞鸟怎么能忍受得了。

4　　作为参照，钢琴上中央C旁边的A键一般被调到440 Hz。音调每升高一个八度频率就加倍，因此高音A是880 Hz，高两个八度的A是1 760 Hz，高三个八度的是3 520 Hz。钢琴键盘的长度到此为止了，如果有再高一个八度的A键，它对应的会是7 040 Hz，这比大多数鸟类能听到的最高音还要高。人类小孩能听到高达20 000 Hz（20kHz）的声音，但是他们成年后对高音的敏感性会下降。听着深紫乐队长大的人下降得尤其快。

5　　这些骨骼的命名看起来很随意，令人想起托马斯·哈代（Thomas Hardy）笔下手上长满老茧的铁匠，不过它们还是值得一讲。人类的镫骨形状非常像马镫。马镫的踏板坐落在通向内耳的"椭圆形窗口"上。连接踏板的是两条爪，它们在另一端像家禽的叉骨那样汇合，正好形成马镫的形状。一条血管——镫骨动脉——从马镫中间穿过。既然我们把这块骨骼称为镫骨，那么其余两块自然得名锤骨和砧骨，虽然它们并不是很像铁匠铺里的东西。镫骨是人体最小的一块骨骼，锤骨和砧骨比它大得多。这三块组成中耳的骨骼被统称为小骨（ossicle）。单词"ossicle"的字面意义是"很小的骨头"。

6　　至少人类在童年时期是这样。对高频声音的敏感度随着年龄的增长而下降，特别是我们之中那些年轻时爱听深紫乐队的人。

7　　参见 H. Heffner, ' Hearing in large and small dogs（*Canis fami-liaris*）', *Journal of the Acoustical Society of America* **60**, S88, 1976。

8　　参见 R. S. Heffner, ' Primate hearing from a mammalian perspe-ctive ', *The Anatomical Record* **281A**, 1111-1122, 2004。

9　　参见 K. Ralls, ' Auditory sensitivity in mice: *Peromyscus* and *Mus musc-ulus', Animal Behaviour* **15**, 123-128, 1967。

10   R. S. Heffner and H. E. Heffner, ' Hearing range of the domestic cat ', *Hearing Research* **19**, 85-88, 1985.

11   参见 Kastelein *et al*., ' Audiogram of a striped dolphin (*Stenella coeruleoalba*)', *Journal of the Acoustical Society of America* **113**, 1130, 2003。

12   关于这种非同寻常的转变，以及哺乳动物早期历史的许多其他问题，参见 Z.-X. Luo, ' Transformation and diversification in early mammal evolution ', *Nature* **450**, 1011-1019, 2007。这是一篇对近年来相关研究的综述。

13   参见 Lautenschlager *et al*., ' The role of miniaturization in the evolution of the mammalian jaw and middle ear ', *Nature* **561**, 533-537, 2018。

14   几乎可以肯定三尖叉齿兽有胡须，至于毛皮则属于推测。

15   参见 Jones *et al*., ' Regionalization of the axial skeleton predates functional adaptation in the forerunners of mammals ', *Nature Ecology & Evolution* **4**, 470-478, 2020。

16   对摩尔根兽耳部结构的复原表明，它或许能听到最高 10 kHz 的声音。参见 J. J. Rosowski and A. Graybeal, ' What did *Morganucodon* hear? ', *Zoological Journal of the Linnean Society* **101**, 131-168, 2008。

17   参见 Gill *et al*., ' Dietary specializations and diversity in feeding ecology of the earliest stem mammals ', *Nature* **512**, 303-305, 2014。

18   参见 E. A. Hoffman and T. B. Rowe, ' Jurassic stem-mammal perinates and the origin of mammalian reproduction ', *Nature* **561**, 104-108, 2018。

19   参见 Hu *et al*., ' Large Mesozoic mammals fed on young dinosaurs ', *Nature* **433**, 149-152, 2005; A. Weil, ' Living large in the Cretaceous ', *Nature* **433**, 116-117, 2005。

20   参见 Meng *et al*., ' A Mesozoic gliding mammal from northeastern China ', *Nature* **444**, 889-893, 2006。一种是侏罗纪晚期内蒙古出现的翔兽（ *Volaticotherium* ），后来发现它们属于三尖齿兽目。它们和贼兽不同，后者属于一类非常古老的哺乳动物。两种动物都可以飞行。例子见

于 Meng *et al.*, ' New gliding mammaliaforms from the Jurassic ', *Nature* **548**, 291-296, 2017; Han *et al.*, ' A Jurassic gliding euharamiyidan mammal with an ear of five auditory bones ', *Nature* **551**, 451-456, 2017。

21 参见 Ji *et al.*, ' A swimming mammaliaform from the Middle Jur-assic and ecomorphological diversification of early mammals ', *Science* **311**, 1123-1127, 2006。

22 参见 Krause *et al.*, ' First cranial remains of a gondwanatherian mammal reveal remarkable mosaicism ', *Nature* **515**, 512-517, 2014; A. Weil, ' A beast of the southern wild ', *Nature* **515**, 495-496, 2014; Krause *et al.*, ' Skeleton of a Cretaceous mammal from Madagascar reflects long-term insularity ', *Nature* **581**, 421-427, 2020。

23 例子见于 Luo *et al.*, ' Dual origin of tribosphenic mammals ', *Nature* **409**, 53-57, 2001; A. Weil, ' Relationships to chew over ', *Nature* **409**, 28-31, 2001; Rauhut *et al.*, ' A Jurassic mammal from South America ', *Nature* **416**, 165-168, 2002。

24 参见 Bi *et al.*, ' An early Cretaceous eutherian and the placenta-lmarsupial dichotomy ', *Nature* **558**, 390-395, 2018; Luo *et al.*, ' A Jurassic eutherian mammal and divergence of marsupials and placentals ', *Nature* **476**, 442-445, 2011; Ji *et al.*, ' The earliest known eutherian mammal ', *Nature* **416**, 816-822, 2002。

25 参见 Luo *et al.*, ' An Early Cretaceous tribosphenic mammal and meta-therian evolution ', *Science* **302**, 1934-1940, 2003。

26 全齿目和恐角目曾经被归并为钝脚目。这一点我是在读本科的时候发现的，钝脚目这个名字让我很着迷，我打电话把这件事告诉了我母亲。我说曾经有一类动作缓慢的大型食草动物，类似犀牛或河马，它们属于钝脚目。"哇亲爱的，"我母亲说，"你可以想象它们在顿脚的样子。"

27 一本关于哺乳动物演化的优秀介绍，见于 D. R. Prothero, *The Prin-ceton Field Guide to Prehistoric Mammals* (Princeton: Princeton University Press, 2017)。

28　参见 Head *et al.*, ' Giant boid snake from the Palaeocene neotropics reveals hotter past equatorial temperatures ', *Nature* **457**, 715-717, 2009; M. Huber, ' Snakes tell a torrid tale ', *Nature* **457**, 669-671, 2009。

29　参见 Thewissen *et al.*, ' Skeletons of terrestrial cetaceans and the relationship of whales to artiodactyls ', *Nature* **413**, 277-281, 2001; C. de Muizon, ' Walking with Whales ', *Nature* **413**, 259-260, 2001。

30　参见 Thewissen *et al.*, 'Fossil evidence for the origin of aquatic locomotion in archaeocete whales ', *Science* **263**, 210-212, 1994。

31　参见 Gingerich *et al.*, ' Hind limbs of Eocene *Basilosaurus*: evidence of feet in whales ', *Science* **249**, 154-157, 1990。

32　鲸类演化的详细信息，见于 J. G. M. ' Hans ' Thewissen, *The Walking Whales: From Land to Water in Eight Million Years* (Oakland: University of California Press, 2014)。参见 Madsen *et al.*, ' Parallel adaptive radiations in two major clades of placental mammals ', *Nature* **409**, 610-614, 2001。

9 人猿星球

1　原猴亚目是最原始的灵长类，现存的只有少数几个物种，包括今天只分布于马达加斯加的狐猴、婴猴和眼镜猴。眼镜猴至少已经存在了 5 500 万年，这说明类人猿亚目（包括猴、猿和人的类群）可能那时也已经出现了。参见 Ni *et al.*, ' The oldest known primate skeleton and early haplorhine evolution ', *Nature* **498**, 60-63, 2013。已知最早的类人猿（也出现于始新世，但它们已经演化出了相当高的多样性，这意味着类人猿有很长的历史。参见 Gebo *et al.*, ' The oldest known anthropoid postcranial fossils and the early evolution of higher primates ', *Nature* **404**, 276-278, 2000; Jaeger *et al.*, ' Late middle Eocene epoch of Libya yields earliest known radiation of African anthropoids ', *Nature* **467**, 1095-1098, 2010。猴和猿在渐新世从类人猿分化出来，时间不晚于 2 500 万年前。参见 Stevens *et al.*, ' Oligocene divergence between Old World monkeys and apes ', *Nature* **497**, 611-614, 2013。

2　有些热带草本植物采用了一种向来罕见的光合作用方式，生物化学家称之为"C_4途径"。之所以罕见，是因为它比绝大多数采用的"C_3途径"更复杂精细。但是，C_4途径利用二氧化碳的效率更高。如果大气中二氧化碳较为丰富，采用C_4途径就没有什么必要了。植物或许是感受到了大气中二氧化碳逐渐减少的长期变化趋势。例子见于 C. P. Osborne and L. Sack, ' Evolution of C_4 plants: a new hypothesis for an interaction of CO_2 and water relations mediated by plant hydraulics ', *Philosophical Transactions of the Royal Society of London* B **367**, 583-600, 2012。

3　De Bonis *et al.*, ' New hominid skull material from the late Miocene of Macedonia in Northern Greece ', *Nature* **345**, 712-714, 1990.

4　参见 Alpagut *et al.*, ' A new specimen of *Ankarapithecus meteai* from the Sinap Formation of central Anatolia ', *Nature* **382**, 349-351, 1996。

5　参见 Suwa *et al.*, ' A new species of great ape from the late Miocene epoch in Ethiopia ', *Nature* **448**, 921-924, 2007。

6　参见 Chaimanee *et al.*, ' A new orang-utan relative from the Late Miocene of Thailand ', *Nature* **427**, 439-441, 2004。

7　史上最大的猿或许是生活在更新世东南亚地区的巨猿。它的体形大概有大猩猩的两倍，不过由于只有牙齿和颌骨残片，很难做出准确的估计。对巨猿牙釉所含蛋白质的分析表明，它可能和猩猩的亲缘关系较近。参见 Welker *et al.*, ' Enamel proteome shows that *Gigantopithecus* was an early diverging pongine ', *Nature* **576**, 262-265, 2019。

8　参见 Böhme *et al.*, ' A new Miocene ape and locomotion in the ancestor of great apes and humans ', *Nature* **575**, 489-493, 2019，以及评论文章 Tracy L. Kivell, ' Fossil ape hints and how walking on two feet evolved ', *Nature* **575**, 445-446, 2019。

9　参见 Rook *et al.*, ' *Oreopithecus* was a bipedal ape after all: evidence from the iliac cancellous architecture ', *Proceedings of the National Academy of Sciences of the United States of America* **96**, 8795-8799, 1999。

10 南北美洲从来没有过任何猿类。猿是由旧世界猴演化而来的，而新世界猴只是旧世界猴的远亲而已，它们最初的来源可能是在始新世从非洲迁移到美洲的猴子。参见 Bond *et al*., ' Eocene primates of South America and the African origins of New World monkeys ', *Nature* **520**, 538-541, 2015。新世界猴与旧世界的表亲的不同之处在于它们保留了长尾，能用于抓握或充当四肢以外的第五肢。这也许能部分解释为什么美洲的猴子一直是猴子，没有演化出任何接近猿类的物种，甚至也没有像旧世界的猕猴那样在地面生活的物种。

11 必须在此澄清一下"人亚族"（hominin）和"人科"（hominids）之间的区别。"人科"的拉丁文是 Hominidae，英文" hominids"的含义是人科的任何成员，包括现代人、已经灭绝的各种人类近亲——只要后者和我们更接近，而不是和类人猿更接近。类人猿属于与人科并列的猩猩科（Pongidae）。然而近年来的研究发现，猩猩科并不是一个"自然"的类群。所谓"自然"的类群（单系群）是指它的所有成员有一个共同祖先，同时又是这个共同祖先的全部后代。现实是，人类和黑猩猩之间的亲缘关系比较近，大猩猩与二者的关系都比前述二者之间的关系更远。而猩猩与三者的关系都更远。这意味着不可能找到一个猩猩科的共同祖先，同时这个祖先的后代不包括任何人科成员。为了解决这一问题，分类学家扩大了人科的定义，使之包括人类和猿，而用人亚族来指代现代人和已灭绝的人类近亲，只要后者不是黑猩猩的近亲。人亚族的拉丁文是 Hominina，属于人族（Hominini）的一部分，而人族属于人亚科（Homininae）的一部分。这就是本书使用的"人亚族"一词的含义。这些术语有时会被混用，从而让局面更加混乱。有些研究者坚持使用"人科"（hominid），还有一些作者在术语的选择上前后不一。因此我引用的一些文献读起来可能会令人困惑。

12 参见 Brunet *et al*., ' A new hominid from the Upper Miocene of Chad, Central Africa ', *Nature* **418**, 145-151, 2002; Vignaud *et al*., ' Geology and palaeontology of the Upper Miocene Toros-Menalla hominid locality, Chad ', *Nature* **418**, 152-155, 2002。此外还有同期刊登的评

论 Bernard Wood, 'Hominid revelations from Chad', *Nature* **418**, 133-135, 2002。

13　乍得沙赫人头骨的发现者将其命名为"图迈"（Toumaï），在艰苦求生的当地人所使用的戈兰语里，它的意思是"生命的希望"。

14　参见 Haile-Selassie *et al.*, 'Late Miocene hominids from the Middle Awash, Ethiopia', *Nature* **412**, 178-181, 2001。

15　Pickford *et al.*, 'Bipedalism in *Orrorin tugenensis* revealed by its femora', *Comptes Rendus Palevol* 1, 191-203, 2002.

16　所有距今 500 万年以上的古人类遗迹中，绝大部分来自非洲南起马拉维，北至坦桑尼亚、肯尼亚和埃塞俄比亚的一条狭长地带。这一地带名为东非大裂谷，是由两块地壳板块以指甲生长的速度相互分开而造成的。大块的岩石从裂谷两侧形成的悬崖上掉落到不断变宽的谷底，在雨水和阳光的外力作用下成为沉积物。板块分裂让地下的岩浆涌出，形成火山。谷底的河流和湖泊不断地形成、合并、扩大和缩小。沉积物、湖泊和火山提供了形成化石的理想环境。人类演化史证据的主要部分正是在肯尼亚、坦桑尼亚和埃塞俄比亚裂谷地区附近的湖岸沉积层中发现的。证据的其余部分则主要来自南非的一些被侵蚀的古老石灰岩洞穴，这些洞穴被称为"人类的摇篮"。测定洞穴沉积物一向非常困难，但近年来这方面有了一些进展。参见 Pickering *et al.*, 'U-Pb-dated flowstones restrict South African early hominin record to dry climate phases', *Nature* **565**, 226-229, 2019。地质活动一向是活跃的，而且将继续活跃下去。数百万年以后，随着裂谷扩大，东部非洲将与非洲大陆的其余部分分开。海水将涌入裂谷形成新的海洋。东非大裂谷是未来新大洋的胎儿阶段，过程将类似于三叠纪末北美洲东部的裂谷最终形成了大西洋一样，不过前者不如后者那样有戏剧性。

17　人类婴儿保留着四足行走的姿态。

18　参见 Whitcome *et al.*, 'Fetal load and the evolution of lumbar lordosis in bipedal hominins', *Nature* **450**, 1075-1078, 2007。

19　例子见于 Wilson *et al.*, 'Biomechanics of predator-prey arms race in lion, zebra, cheetah and impala', *Nature* **554**, 183-188, 2018。此外，还有同期刊登的评论 Biewener, ' Evolutionary race as predators hunt prey ', *Nature* **554**, 176-178, 2018。

20 两足行走的哺乳动物还包括袋鼠，以及跳鼠等部分啮齿类。但是袋鼠需要一条长尾来平衡站姿，而跳鼠等啮齿类是两足同时跳跃前进的。

21 对此我有亲身体会。2018 年 8 月我在家里出了一次小事故，扭伤了脚踝。出事以后我完全不能动了，幸亏无比庞大复杂的英国国家医疗服务体系救助了我。他们给我派了救护车，送我去了一家设施完备的教学医院。帮助我的有护理人员、护士、麻醉师、外科医生，更不用说幕后的大批后勤人员。我出院的时候还给我安排了理疗师，红十字会借给了我一部轮椅。还有（最重要的是）我妻子的照顾，她陪我受了很多苦。我妻子——部分原因是课程很好——决定去进修护士课程，专门照顾学习障碍患者（想想看吧）。国家医疗服务体系不仅是英国，也是全欧洲最大的雇主，每年要花掉英国公共支出的相当大的一部分。没有我得到的这种支持，非洲草原上的早期人亚族成员若是扭伤了脚踝，恐怕很可能会被杀死吃掉。

22 参见 White *et al.*, ' *Australopithecus ramidus*, a new species of early hominid from Aramis, Ethiopia ', *Nature* **371**, 306-312, 1994。

23 参见 A. Gibbons, ' A rare 4.4-million-year-old skeleton has drawn back the curtain of time to reveal the surprising body plan and ecology of our earliest ancestors ', *Science* **326**, 15981599, 2009。

24 参见 Leakey *et al.*, ' New four-million-year-old hominid species from Kanapoi and Allia Bay, Kenya ', *Nature* **376**, 565-571（1995）; Haile-Selassie *et al.*, ' A 3.8-million-year-old hominin cranium from Woranso-Mille, Ethiopia ', *Nature* **573**, 214-219, 2019; F. Spoor, ' Elusive cranium of early hominin found ', *Nature* **573**, 200-202, 2019。

25 Johanson *et al.*, 'A new species of the genus *Australopithecus* (Primates, Hominidae) from the Pliocene of Eastern Africa ', *Kirtlandia* **28**, 1-14, 1978. 同一时期至少还有两个物种在那里生活。参见 Haile-Selassie

et al., 'New species from Ethiopia further expands Middle Pliocene hominin diversity', *Nature* **521**, 483-488, 2015; F. Spoor, 'The Middle Pliocene gets crowded', *Nature* **521**, 432-433, 2015; Leakey et al., 'New hominin genus from eastern Africa shows diverse middle Pliocene lineages', *Nature* **410**, 433-440, 2001; D. Lieberman, 'Another face in our family tree', *Nature* **410**, 419-420, 2001。

26 古生物学家在乍得发现了高度类似的物种，名为羚羊河南方古猿（*Australopithecus bahrelghazali*）。参见 Brunet et al., 'The first austr-alopithecine 2,500 kilometres west of the Rift Valley (Chad)', *Nature* **378**, 273-275, 1995。

27 在坦桑尼亚拉多里发现的保存在湿润火山灰中的人亚族成员脚印，揭示了这一点。脚印分为两处，一处是一个人单独行走，另一处是一个大人和一个小孩一起行走，小孩可能是跟在大人后面的。参见 M. D. Leakey and R. L. Hay, 'Pliocene footprints in the Laetolil Beds and Laetoli, northern Tanzania', *Nature* **278**, 317-323, 1979。

28 话虽如此，最著名也最完整的古人类"露西"骨架上的骨折痕迹显示，她可能是从树上掉下摔死的。参见 Kappelman et al., 'Perimortem fractures in Lucy suggest mortality from fall out of a tree', *Nature* **537**, 503-507, 2016。

29 参见 Cerling et al., 'Woody cover and hominin environments in the past 6 million years', *Nature* **476**, 51-56, 2011; C. S. Feibel, 'Shades of the savannah', *Nature* **476**, 39-40, 2011。

30 Haile-Selassie et al., 'A new hominin foot from Ethiopia shows multiple Pliocene bipedal adaptations', *Nature* **483**, 565-569, 2012; D. Lieberman, 'Those feet in ancient times', *Nature* **483**, 550-551, 2012.

31 这一时期出现了南方古猿属和人属的许多物种，包括惊奇南方古猿（*Australopithecus garhi*，参见 Asfaw et al., '*Australopithecus garhi*: a new species of early hominid from Ethiopia', *Science* **284**, 629-635, 1999）、南方古猿源泉种（*Australopithecus sediba*, Berger et al., '*Aus-tralopithecus sediba*: a new species of Homo-like australopith from South

Africa', *Science* **328**, 195-204, 2010）、能人（*Homo habilis*）和卢多尔夫智人（*Homo rudolfensis*，参见 Spoor *et al.*,' Reconstructed *Homo habilis* type OH7 suggests deep-rooted species diversity in early *Homo*', *Nature* **519**, 83-86, 2015），还有纳莱蒂人（*Homo naledi*, Berger *et al.*,' *Homo naledi*, a new species of the genus *Homo* from the Dinaledi Chamber, South Africa', *eLife* 2015; 4: e09560）。这些物种之间的关系还有相当大的争议。最初人属的划分依据就是它们有增大的脑容量和较高的技术水平（参见 L. S. B. Leakey,' A New Fossil Skull from Olduvai', *Nature* **184**, 491-493, 1959; Leakey *et al.*,' A New Species of the Genus *Homo* from Olduvai Gorge', *Nature* **202**, 7-9, 1964）。但是后来发现了比人属早得多（距今约 330 万年）的石制工具，因此这种划分不免被质疑。一种颇有道理的理论认为，人属最早的物种与南方古猿过于接近，不值得将它们分成两个属。参见 B. Wood and M. Collard,' The Human Genus', *Science* **284**, 65-71, 1999。

32 参见 Harmand *et al.*,' 3.3-million-year-old stone tools from Lomekwi 3, West Turkana, Kenya', *Nature* **521**, 310-315, 2015; E. Hovers,' Tools go back in time', *Nature* **521**, 294-295, 2015; McPherron *et al.*,' Evidence for stone-toolassisted consumption of animal tissues before 3.39 million years ago at Dikika, Ethiopia', *Nature* **466**, 857-860, 2010; D. Braun,' Australopithecine butchers', *Nature* **466**, 828, 2010。

33 最早的工具并不比今天黑猩猩用的工具高级，我们甚至很难分辨哪些是制造的工具，哪些是自然原因形成的石块。实际上，灵长类中有几个物种——不限于人亚族——会挑选鹅卵石并储存起来备用。这些遗迹很难说与早期人亚族成员的遗迹有什么区别。参见 Haslam *et al.*,' Primate archaeology evolves', *Nature Ecology & Evolution* **1**, 14311437, 2017。

34 参见 K. D. Zink and D. E. Lieberman,' Impact of meat and Lower Palaeolithic food processing techniques on chewing in humans', *Nature* **531**, 500-503, 2016。

10 走遍世界

1 ……也就是偏离自转轴 23.5 度的地方，66.5 度则是该点半径与赤道面的夹角，两个数值加起来是 90 度。

2 南半球的星星也是一样的情况，不过地球南极所在的那片天空特别地单调无聊，没有什么值得一提的。南极不存在相当于北极星的突出星体。

3 这是数学家米卢廷·米兰科维奇（Milutin Milankovic）得出的结果。当时没有计算机，他是手算的，想想有多难。

4 这是我本人的少数原创发现之一，记载于我那没人读的博士论文。

5 以不列颠为例有很好的理由，不仅仅因为我自己是英国人，也不仅仅因为不列颠冰期生物群落的研究是我博士论文的内容。不列颠是大型陆块西侧边缘的一个岛，在冰期很容易受到极端气候变化的影响，因此以不列颠为例能够反映问题的全貌。

6 参见 G. A. Jones, 'A stop-start ocean conveyer', *Nature* **349**, 364-365, 1991。

7 冰川的突然崩解被称为海因里希事件。参见 Bassis *et al*., 'Hei-nrich events triggered by ocean forcing and modulated by iostatic adjustment', *Nature* **542**, 332-334, 2017; A. Vieli, 'Pulsating ice sheet', *Nature* **542**, 298-299, 2017。

8 这次气候变化是不同寻常的。埃塞俄比亚发现的化石层囊括了整个气候转变过程。化石记录显示，南方古猿等喜欢且更适应混合林地的物种数量明显减少，而适应开阔野外的物种，如马、骆驼和人属的数量增加了。参见 Alemseged *et al*., 'Fossils from Mille-Logya, Afar, Ethiopia, elucidate the link between Pliocene environmental change and *Homo* origins', *Nature Communications* **11**, 2480 (2020)。

9 参见 D. Bramble and D. Lieberman, 'Endurance running and the evolution of *Homo*', *Nature* **432**, 345-352, 2004。这篇令人信服的文章讲述了耐力跑在人类历史上的重要性。必须注意，这篇文章主要诠释的是智人的解剖结构，而不是直立人的。所以我在正文中发挥了一下。不管怎样，直立人是早期人亚族当中第一个体形高度接近现代人的物种。

10 这种语境下的"部落"指的是由个人亲缘关系和传统组成的群体，每个部落平时大体上生活在一起。在文化或基因上，部落之间或多或少有些不同。

11 一项哺乳动物的致命性暴力发生率的对比研究显示，人亚族总体上比其他哺乳类更暴力。参见 Gómez *et al.*, ' The phylogenetic roots of human lethal violence ', *Nature* **538**, 233-237, 2016，以及同期的评论文章 Pagel, ' Lethal violence deep in the human lineage ', *Nature* **538**, 180-181, 2016。

12 ……体形很大，阴茎却很小。雄性大猩猩勃起的阴茎只有 3 厘米长，在这方面，平均水平的人类男性也能比它长 10 厘米。参见 M. Maslin, ' Why did humans evolve big penises but small testicles? ' *The Conversation*, 25 January 2017, accessed 1 April 2021; Veale *et al.*, ' Am I normal? A systemic review and construction of nomograms for flaccid and erect penis length and circumference in up to 15,521 men ', *BJU International* **115**, 978-986, 2015。

13 参见 S. Eliassen and C. Jørgensen, ' Extra-pair mating and evolution of cooperative neighbourhoods ', *PLoS ONE* doi. org/10.1371./journal.pone.0099878, 2014; B. C. Sheldon and M. Mangel, ' Love thy neighbour ', *Nature* **512**, 381-382, 2014。

14 艾伦阿兰·沃克（Alan Walker）和帕特·希普曼（Pat Shipman）在他们富有深刻见解的专著《骨头的智慧》（*The Wisdom of Bones, Vintage*, 1997）中是这样描述直立人的。

15 参见 Dean *et al.*, ' Growth processes in teeth distinguish modern humans from *Homo erectus* and earlier hominins ', *Nature* **414**, 628-631, 2001，以及同期的评论文章 Moggi-Cecchi, ' Questions of growth ', *Nature* **414**, 595-597, 2001。

16 虽然已知最早的阿舍利文化出现在非洲（参见 Asfaw *et al.*, ' The earliest Acheulean from Konso-Gardula ', *Nature* **360**, 732-735, 1992 ），但它的名字来源于最初的发现地点——法国的圣阿舍利。

17 © *The Atlantic Monthly*, 1975.

18 参见 Joordens *et al.*, ' *Homo erectus* at Trinil on Java used shells for tool production and engraving ', *Nature* **518**, 228-231, 2015。

19 人们得知自己和黑猩猩、大猩猩、猩猩的亲缘关系颇近时总是十分惊讶。除了宗教方面的考虑，人类确实和这三种生物有很大差异，这是非同寻常的。原因在于，与人和猿的共同祖先相比，人类已经发生了巨大的变化，而三种猿经历的变化小得多。

20 已知最早的直立人化石是在南非德里默伦洞穴中发现的残缺头骨，测得它的年代超过 200 万年。参见 Herries *et al.*, ' Contemporaneity of *Australopithecus*, *Paranthropus* and early *Homo erectus* in South Africa ', *Science* **368** doi: 10.1126/ science.aaw7293, 2020。非洲直立人最完整的样本发现于肯尼亚，是一个年轻人的骨架。参见 Brown *et al.*, ' Early *Homo erectus* skeleton from west Lake Turkana ', Kenya ', *Nature* **316**, 788-792, 1985。这具骨架比较瘦长，和更早的人亚族成员矮而宽的骨架形成了鲜明对比。

21 参见 Zhu *et al.*, ' Hominin occupation of the Chinese Loess Plateau since about 2.1 million years ago ', *Nature* **559**, 608-612, 2018。

22 参见 Shen *et al.*, ' Age of Zhoukoudian *Homo erectus* deter-mined with 26Al/10Be burial dating ', *Nature* **458**, 198-200, 2009; and the accompanying commentary by Ciochon and Bettis, ' Asian *Homo erectus* converges in time ', *Nature* **458**, 153-154, 2009。

23 参见 J. Schwartz, ' Why constrain hominid taxic diversity? ', *Nature Ecology & Evolution*, 5 August 2019, https://doi.org/10.1038/s41559-019-0959-2。这篇文章提出，直立人的分类学多样性很高。其论证是有力的。

24 所有的物种都用双名命名法，包括一个属名（如 *Homo*）和一个种加词（如 *sapiens*），有时还会加上一个亚种名（如再加一个 *sapiens*，得到 *Homo sapiens sapiens*）。然而正文提到的这个部落得到了四个单词组成的名字 " *Homo erectus ergaster georgicus*"，这在生物命名上是独一无二的，通常只有英国王室的名字才有这么长。实际上这说明直立人是个多样性很高的物种。关于这个独特的命名，参见 L.

Gabunia and A. Vekua, ' A Plio-Pleistocene hominid from Dmanisi, East Georgia, Caucasus ', *Nature* **373**, 509-512, 1995; Lordkipanidze *et al.*, ' A complete skull from Dmanisi, Georgia, and the evolutionary biology of early *Homo* ', *Science* **342**, 326-331, 2013。文章还讨论了将化石样本硬塞进某些不知道多样性如何的物种，会遇到哪些问题。

25　参见 Rizal *et al.*, ' Last appearance of *Homo erectus* at Ngandong, Java, 117,000-108,000 years ago ', *Nature* **577**, 381-385, 2020。

26　参见 Swisher *et al.*, ' Latest *Homo erectus* of Java: potential contemporaneity with *Homo sapiens* in Southeast Asia ', *Science* **274**, 1870-1874, 1996。

27　参见 Ingicco *et al.*, ' Earliest known hominin activity in the Philippines by 709 thousand years ago ', *Nature* **557**, 233-237, 2018。

28　参见 Détroit *et al.*, ' A new species of *Homo* from the Late Plei-stocene of the Philippines ', *Nature* **568**, 181-186, 2019，以及同期的评论文章 Tocheri, ' Previously unknown human species found in Asia raises questions about early hominin dispersals from Africa ', *Nature* **568**, 176-178, 2019。

29　参见 Brown *et al.*, ' A new small-bodied hominin from the Late Pleistocene of Flores, Indonesia ', *Nature* **431**, 10551061, 2004，以及同期的评论文章 Mirazón Lahr and Foley, ' Human evolution writ small ', *Nature* **431**, 1043-1044, 2004; Morwood *et al.*, ' Further evidence for small-bodied hominins from the Late Pleistocene of Flores, Indonesia ', *Nature* **437**, 1012-1017, 2005，还有在线资源 'The Hobbit at 10', https://www.nature.com/collections/baiecchdeh。

30　参见 Sutikna *et al.*, ' Revised stratigraphy and chronology for *Homo floresiensis* at Liang Bua in Indonesia ', *Nature* **532**, 366-369, 2016; van den Bergh *et al.*, ' *Homo floresiensis*-like fossils from the early Middle Pleistocene of Flores ', *Nature* **534**, 245-248, 2016; Brumm *et al.*, ' Early stone technology on Flores and its implications for *Homo floresiensis* ', *Nature* **441**, 624-628, 2006。

31 这些巨型大鼠今天仍然存在，与之相伴的还有中等体形的大鼠和普通大鼠。我探访弗洛勒斯岛梁布亚洞穴的时候——弗洛勒斯人就是在此发现的——花了一天时间帮助汉娜克·梅杰博士（Dr. Hanneke Meijer）整理出土的几百块大鼠骨骼，把它们按大小归类。我们同时还整理了几百块蝙蝠骨骼，以及汉娜克最感兴趣的鸟类骨骼。要把挖出来的沉积物一点一点仔细地清洗，才能得到这些骨骼。沉积物挖出来以后，先是分别装在标记了出土位置 3D 坐标的袋子中。营地的工人把袋子扛到山下的水田里，把骨骼筛出来，送给我们用于研究。这样的挖掘工作能够开展，必须郑重感谢那些付出了艰苦努力的幕后工作者，最终成果才得以在国际期刊上闪亮登场。

32 维多利亚·赫里奇（Victoria Herridge）提醒我要特别关注一下矮象。我不禁想象那些人和象越变越小，直到变成肉眼不可见的微生物，就像《不可思议的收缩人》(The Incredible Shrinking Man)中的主人公那样。

33 参见 Bermúdez de Castro et al., 'A hominid from the lower Pleis-tocene of Atapuerca, Spain: possible ancestor to Neandertals and modern humans ', *Science* **276**, 1392-1395, 1997; Parfitt et al., ' Early Pleistocene human occupation at the edge of the boreal zone in northwest Europe ', *Nature* **466**, 229-233, 2010, 以及同期的评论文章 Roberts and Grün, ' Early human northerners ', *Nature* **466**, 189-190, 2010; Ashton et al., ' Hominin footprints from Early Pleistocene Deposits at Happisburgh, UK ', *PLoS ONE* https://doi.org/10.1371/journal.pone.0088329, 2014。

34 参见 Welker et al., ' The dental proteome of *Homo antecessor* ', *Nature* **580**, 235-238, 2020。

35 参见 H. Thieme, ' Lower Palaeolithic hunting spears from Ger-many ', *Nature* **385**, 807-810, 1997。

36 参见 Roberts et al., ' A hominid tibia from Middle Pleistocene sediments at Boxgrove, UK ', *Nature* **369**, 311-313, 1994。

37 参见 Arsuaga et al., 'Three new human skulls from the Sima de los Huesos Middle Pleistocene site in Sierra de Atapuerca, Spain ', *Nature* **362**, 534-

537, 1993。

38　细胞核 DNA 分析表明，阿塔普埃尔卡人和尼安德特人的亲缘关系较近，而和人亚族其他成员都较远。参见 Meyer *et al.*, ' Nuclear DNA sequences from the Middle Pleistocene Sima de los Huesos hominins ', *Nature* **531**, 504-507, 2016。

39　参见 Jaubert *et al.*, ' Early Neanderthal constructions deep in Bruniquel Cave in southwestern France ', *Nature* **534**, 111-114, 2016；以及同期的评论文章 Soressi, ' Neanderthals built underground ', *Nature* **534**, 43-44, 2016。

40　丹尼索瓦人最早发现于西伯利亚南部阿尔泰山上的丹尼索瓦洞穴，因此得名。它们目前还没有正式的学名。

41　参见 Chen *et al.*, ' A late Middle Pleistocene Denisovan man-dible from the Tibetan Plateau ', *Nature* **569**, 409-412, 2019。

42　如果确实如此，他们真是太善于行动了。加利福尼亚南部发现了一处乳齿象被杀现场，年代测定表明是在约 12.5 万年前。有人主张是人类杀死了这头乳齿象，但这种假说争议很大。如果这是真的，那么人类到达美洲的时间就往前推了很远。主张人类早期占领美洲假说的科学家当中，即使是乐观派提出的最远上限也不过 3 万年而已。参见 Holen *et al.*, ' A 130,000-year-old archaeological site in southern California, USA ', *Nature* **544**, 479-483, 2017。

43　这些人类的遗骸最早发现于西伯利亚南部阿尔泰山上的丹尼索瓦洞穴。因此得名"丹尼索瓦人"。参见 Reich *et al.*, ' Genetic history of an archaic hominin group from Denisova Cave in Siberia ', *Nature* **468**, 1053-1060, 2010；以及同期的评论文章 Bustamante and Henn, ' Shadows of early migrations ', *Nature* **468**, 1044-1045, 2010。

11 史前史的终结

1　参见 Navarrete *et al.*, ' Energetics and the evolution of human brain size ', *Nature* **480**, 91-93, 2011; R. Potts, ' Big brains explained ', *Nature* **480**, 43-

44, 2011。

2　自然选择也青睐那些喜欢女性圆润曲线的男性。参见 D. W. Yu and
　　G. H. Shepard, Jr, 'Is beauty in the eye of the beholder?', *Nature* **396**,
　　321-322, 1998。

3　参见 K. Hawkes, 'Grandmothers and the evolution of human lon-gevity',
　　American Journal of Human Biology **15**, 380-400, 2003。自然，祖母假说
　　和有关人类演化史的一切假说一样，是有争议的。但是在我看来祖
　　母假说是最有道理的。

4　这可以解释为什么男性也有乳头。因为女性有乳房和乳头，所以男
　　性也有——虽然它们更小，也没有实际的功能。他们也为此付出了
　　代价：男性也有很小的概率患乳腺癌。矛盾的是，女性对配偶的偏
　　好也让男性保留了一些对男性自身有害的特征。参见 P. Muralidhar,
　　'Mating preferences of selfish sex chromosomes', *Nature* **570**, 376-
　　379; M. Kirkpatrick, 'Sex chromosomes manipulate mate choice',
　　Nature **570**, 311-312, 2019。

5　感谢西蒙·康韦·莫里斯（Simon Conway Morris）在这个观点上给
　　我的启发。

6　2 型糖尿病近年来变得更加普遍，特别是在那些不久之前还受食物
　　匮乏之苦的人当中。贾里德·戴蒙德（Jared Diamond）猜想，这
　　是人们采纳了西方的生活方式而扫除了饥饿以及过量食用含糖食
　　物导致的，见 Diamond, 'The double puzzle of diabetes', *Nature*
　　423, 599-602, 2003。

7　罗德西亚人（*Homo rhodesiensis*）和海德堡人类似，他们大约生活
　　在 30 万年前的中非。参见 Grün *et al*., 'Dating the skull from Broken
　　Hill, Zambia, and its position in human evolution', *Nature* **580**, 372-
　　375, 2020。除此之外还有别的人类。在尼日利亚发现了人亚族的
　　样本，形态非常古老，但距今只有 11 000 年（Harvati *et al*., 'The
　　Later Stone Age calvaria from Iwo Eleru, Nigeria: morphology and
　　chronology', *PLoS ONE* https://doi.org/10.1371/journal.pone.0024024,
　　2011）。有证据表明非洲还有更古老的人类，但只有其 DNA 碎

片还被现代人类携带着——有那么多柴郡猫,身体消失了但笑容还存在着。例子见于 Hsieh *et al.*,' Model-based analyses of whole-genome data reveal a complex evolutionary history involving archaic introgression in Central African Pygmies ',*Genome Research* **26**, 291-300, 2016。

8　已知最早的智人证据出现于摩洛哥,距今约 31.5 万年(见 Hublin *et al.*,' New fossils from Jebel Irhoud, Morocco, and the pan-African origin of *Homo sapiens* ',*Nature* **546**, 289-292, 2017; Richter *et al.*,' The age of the hominin fossils from Jebel Irhoud, Morocco, and the origins of the Middle Stone Age ',*Nature* **546**, 293-296, 2017; Stringer and GalwayWitham,' On the origin of our species ',*Nature* **546**, 212-214, 2017)。另外还有发现于埃塞俄比亚基比什的人类遗迹,其中包括人体残骸,经测定为距今 19.5 万年(McDougall *et al.*,' Stratigraphic placement and age of modern humans from Kibish, Ethiopia ',*Nature* **433**, 733-736, 2005),以及埃塞俄比亚的中阿瓦什地区的人类遗迹(White *et al.*,' Pleistocene *Homo sapiens* from Middle Awash, Ethiopia ',*Nature* **423**, 742-747, 2003; Stringer,' Out of Ethiopia ',*Nature* **423**, 693-695, 2003)。

9　Harvati *et al.*,' Apidima Cave fossils provide earliest evidence of *Homo sapiens* in Eurasia ',*Nature* **571**, 500-504, 2019; McDermott *et al.*,' Mass-spectrometric U-series dates for Israeli Neanderthal/early modern hominid sites ',*Nature* **363**, 252-255, 1993; Hershkovitz *et al.*,' The earliest modern humans outside Africa ',*Science* **359**, 456-459, 2018.

10　参见 Chan *et al.*,' Human origins in a southern African palaeo-wetland and first migrations ',*Nature* **575**, 185-189, 2019。

11　参见 Henshilwood *et al.*,' A 100,000-year-old Ochre-Processing Workshop at Blombos Cave, South Africa ',*Science* **334**, 219-222, 2011。

12　参见 Henshilwood *et al.*,' An abstract drawing from the 73,000-year-old levels at Blombos Cave, South Africa ',*Nature* **562**, 115-118, 2018。

13　参见 Brown et al., 'An early and enduring advanced technology originating

71,000 years ago in South Africa ', *Nature* **491**, 590-593。

14　参见 Rito *et al.*, ' A dispersal of *Homo sapiens* from southern to eastern Africa immediately preceded the out-of-Africa migration ', *Scientific Reports* **9**, 4728, 2019。

15　多巴火山让同样是在印度尼西亚的坦博拉火山喷发相形见绌。后者发生于 1815 年，那一年因此成为“无夏之年”。当时有一群激进分子正准备欢度暑假，却被困在了日内瓦湖上的一座假日别墅里。他们决定创作恐怖故事以自娱自乐。团伙中的一位是当时只有十几岁的玛丽·雪莱（Mary Shelley），她写出了一部科幻小说《弗兰肯斯坦》。很显然下雨天正适合读这样的小说。

16　参见 Smith *et al.*, ' Humans thrived in South Africa through the Toba eruption about 74,000 years ago ', *Nature* **555**, 511-515, 2018。

17　参见 Petraglia *et al.*, ' Middle Paleolithic assemblages from the Indian Subcontinent before and after the Toba super- eruption ', *Science* **317**, 114-116, 2007。

18　参见 Westaway *et al.*, ' An early modern human presence in Sumatra 73,000-63,000 years ago ', *Nature* **548**, 322-325, 2017。

19　这种现象在南方古猿那里已被证实。对它们牙釉质痕量元素的分析表明，较小的南方古猿个体——假定为雌性——在一生中迁移的距离比雄性更远。参见 Copeland *et al.*, ' Strontium isotope evidence for landscape use by early hominins ', *Nature* **474**, 76-78, 2011; M. J. Schoeninger, ' In search of the australopithecines ', *Nature* **474**, 43-45, 2011。

20　参见 A. Timmermann and T. Friedrich, ' Late Pleistocene climate drivers of early human migration '. *Nature* **538**, 92-95, 2016。

21　Clarkson *et al.*, ' Human occupation of northern Australia by 65,000 years ago ', *Nature* **547**, 306-310, 2017.

22　例子见于 F. A. Villanea and J. G. Schraiber, ' Multiple episodes of inter-breeding between Neanderthals and modern humans ', *Nature Ecology & Evolution* **3**, 39-44, 2019，以及同期的评论文章 F. Mafessoni, ' Encounters with archaic hominins', *Nature Ecology & Evolution* **3**, 14-15, 2019; Sankararaman *et al.*, 'The genomic landscape of Neanderthal ancestry in present-day humans', *Nature* **507**, 354-357, 2014。

23　参见 Huerta-Sánchez *et al.*, 'Altitude adaptation in Tibetans caused by introgression of Denisovan-like DNA', *Nature* **512**, 194-197, 2014。

24　参见 Hublin *et al.*, 'Initial Upper Palaeolithic *Homo sapiens* from Bacho Kiro Cave, Bulgaria', *Nature* **581**, 299-302, 2020，以及同期的研究报告 Fewlass *et al.*, 'A 14C chronology for the Middle to Upper Palaeolithic transition at Bacho Kiro Cave, Bulgaria', *Nature Ecology & Evolution* **4**, 794-801, 2020，以及同期的评论文章 Banks, 'Puzzling out the Middle-to-Upper Palaeolithic transition', *Nature Ecology & Evolution* **4**, 775-776, 2020。 同时参考 M. Cortés-Sanchéz *et al.*, 'An early Aurignacian arrival in southwestern Europe', *Nature Ecology & Evolution* **3**, 207-212, 2019; Benazzi *et al.*, 'Early dispersal of modern humans in Europe and implications for Neanderthal behaviour', *Nature* **479**, 525-528, 2011。

25　参见 Higham *et al.*, 'The timing and spatiotemporal patterning of Neanderthal disappearance', *Nature* **512**, 306-309, 2014，以及同期的评论文章 W. Davies, 'The time of the last Neanderthals', *Nature* **512**, 260-261, 2014。

26　"你是在说它们与现代人交媾了吗？"伦敦皇家学会的一次古代DNA会议上，主讲人在探讨这个敏感话题的时候，观众席上有一位年长者用高贵的腔调这样问道。当时我坐在后排，很想站起来用相同的语气这样回应："它们不仅与现代人交媾了，而且双方的结合是不幸福的！"但我坐着什么也没说。

27　参见 Koldony and Feldman, 'A parsimonious neutral model sug-gests Neanderthal replacement was determined by migration and random species drift', *Nature Communications* **8**, 1040, 2017; and C. Stringer and C. Gamble, *In Search of the Neanderthals* (London: Thames & Hudson, 1994).
在其他物种那里可以观察到类似的机制。例如，北美灰松鼠自从18世纪被带到英国以后，用200年的时间几乎取代了本土的红松鼠。这是因为灰松鼠繁殖得更快，对于保护领地也更积极。参见 Okubo *et al.*, ' On the spatial spread of the grey squirrel in Britain ', *Proceedings of the Royal Society of London* B, **238**, 113-125, 1989。

28　参见 Zilhão *et al.*, ' Precise dating of the Middle-to-Upper Paleo-lithic transition in Murcia（Spain）supports late Neandertal persistence in Iberia ', *Heliyon* **3**, e00435, 2017。

29　Slimak *et al.*, ' Late Mousterian persistence near the Arctic Circle ', *Science* **332**, 841-845, 2011.

30　Vaesen *et al.*, ' Inbreeding, Allee effects and stochasticity might be sufficient to account for Neanderthal extinction ', *PLoS ONE* **14**, e0225117, 2019.

31　J. Diamond, ' The last people alive ', *Nature* **370**, 331-332, 1994.

32　Fu *et al.*, ' An early modern human from Romania with a recent Neanderthal ancestor ', *Nature* **524**, 216-219.

33　Conard *et al.*, ' New flutes document the earliest musical tradition in southwestern Germany ', *Nature* **460**, 737-740, 2009.

34　Conard, ' Palaeolithic ivory sculptures from southwestern Germany and the origins of figurative art ', *Nature* **426**, 830-832, 2003.

35　参见 Aubert *et al.*, ' Pleistocene cave art from Sulawesi, Indo-nesia ', *Nature* **514**, 223-227, 2014; Aubert *et al.*, ' Palaeolithic cave art in Borneo ', *Nature* **564**, 254-257, 2018。

36　Lubman, ' Did Paleolithic cave artists intentionally paint at resonant cave locations? ', *Journal of the Acoustical Society of America* **141**, 3999, 2017.

12 从未来看过去

1　我称之为 "安娜·卡列尼娜定律"。不客气。

2　克里斯·贝克特（Chris Beckett）的小说《炼狱》（*Dark Eden,* Corvus,

2012）中，两名宇航员被困于一个遥远的星球，生下了 532 名后代，主人公约翰·雷德兰登（John Redlantern）是其中之一。这篇小说描写了一个为近亲繁殖导致的先天畸形所困扰的小型社群挣扎求生的凄惨故事。

3　这让人想到"七月金"的悲剧故事。尤里卡夏金蓼（*Dedeckera eurekensis*）是莫哈韦沙漠中的一种灌木，俗称"七月金"。它出现于较温和的环境，但未能适应环境变化，整个物种都被遗传异常所困扰，从而逐渐丧失了繁殖能力。参见 Wiens *et al*., 'Developmental failure and loss of reproductive capacity in the rare palaeoendemic shrub *Dedeckera eurekensis*', *Nature* **338**, 65-67, 1989。

4　参见 A. Sang *et al*., 'Indirect evidence for an extinction debt of grass-land butterflies half century after habitat loss', *Biological Conservation* **143**, 1405-1413, 2010。

5　参见 Tilman *et al*., 'Habitat destruction and the extinction debt', Nature 371, 65-66, 1994。

6　参见 A. J. Stuart, *Vanished Giants* (Chicago: University of Chicago Press, 2020)。这是一本关于更新世末期灭绝事件的综合评述，颇为可读。

7　参见 Stuart *et al*., 'Pleistocene to Holocene extinction dynamics in giant deer and woolly mammoth', *Nature* **431**, 684-689, 2004。

8　例如，在我既没出版也没人读的博士论文（*Bovidae from the Pleistocene of Britain*, Fitzwilliam College, University of Cambridge, 1991）里，我证明了在末次寒冷期的中段，曾有一种小而强壮的野牛遍布于不列颠，但随着寒冷期的继续，它们被体形更大的野牛取代了。在末次寒冷期之前的伊普斯威奇间冰期，野牛也很普遍，但它们属于另一个体形较大的种。伦敦所在的泰晤士河谷没有野牛，当时那里是原牛的地盘。再一次循环之前的霍克斯尼亚间冰期，原牛则到处都是，野牛是哪里都找不到的。而再之前的克罗默间冰期，又只有（另一种）野牛而没有原牛。更新世沉积物在不列颠很普遍，人类可以相对容易地把它们按时间排序。研究二叠纪沉积层就没有那么容易了。

9　长期以来我们认为，人类到达美洲的时间不会早于约 1.5 万年前。但是考古学和年代测定技术的新进展显示，大约 3 万年前或更早，美洲就已经出现零星的人类了。参见 L. Becerra-Valdivia and T. Higham,' The timing and effect of the earliest human arrivals in North America ', doi.org/10.1038/s41586-020-2491-6, 2020; Ardelean *et al.*, ' Evidence for human occupation in Mexico around the Last Glacial Maximum ', *Nature* **584**, 87-92, 2020。

10　月球也会感受到人类的冲击，不过这本书的主题是地球生命，所以关于月球似乎不应该讲太多。

11　参见 Piperno *et al.*,' Processing of wild cereal grains in the Upper Palae-olithic revealed by starch grain analysis ', *Nature* **430**, 670-673, 2004。

12　参见 J. Diamond,' Evolution, consequences and future of plant and animal domestication ', *Nature* **418**, 700-707, 2002。

13　参见 Krausmann *et al.*,' Global human appropriation of net primary production doubled in the 20th century ', *Proceedings of the National Academy of Sciences of the United States of America* **110**, 10324-10329, 2013。

14　如果你想知道的话，我生于 1962 年。那一年猫王的" Good Luck Charm "登上了《公告牌》百强单曲榜和英国流行音乐排行榜榜首。

15　总生育率（Total Fertility Rate，TFR）必须达到 2.1，也就是说平均每个母亲生育 2.1 个孩子才能让出生率赶上死亡率。这个数本来应该是 2.0，但必须加上一点以补偿孩子早年夭折的概率——其中男孩比女孩更容易夭折。在研究涉及的 195 个国家中，183 个国家在 2100 年的 TFR 将低于 2.1，因此到那时这些国家的人口将比现在更少。西班牙、泰国和日本等部分国家的人口到 2100 年将下降一半。参见 Vollset *et al.*,' Fertility, mortality, migration and population scenarios for 195 countries and territories from 2017 to 2100: a forecasting analysis for the Global Burden of Disease Study ', *The Lancet* doi.org/10.1016/S0140-6736（20）20677-2, 2020。

16　参见 Kaessmann *et al.*,' Great ape DNA sequences reveal a reduced diversity and an expansion in humans ', Nature Genetics 27, 155-156, 2001; Kaessmann *et al.*, ' Extensive nuclear DNA sequence diversity among chimpanzees ', *Science* **286**, 1159-1162, 1999。

17   读者应知，本书从这往后的叙述都是推测，科学家称之为编故事（Making Stuff Up）。有人说过，预测是很难的，预测未来就更难了。

18   这幅惊人的图景是从杜格尔·狄克逊（Dougal Dixon）的《人类灭绝之后》（*After Man: A Zoology of the Future, Granada Publishing*, 1982）一书中借鉴过来的。作者在书中推测了人类消失 5 000 万年后地球动物的情形。生活在森林中的"暗夜魔"是由蝙蝠演化出来的一种可怕的食肉动物，它们在夜间潜行于火山喷发形成的巴达维亚大陆。整片大陆的主要动物只有蝙蝠，它们占据了许多本属于其他动物的生态位。

19   如果你想晚上睡不着觉，请读彼得·沃德（Peter Ward）和唐纳德·布朗利（Donald Brownlee）的《地球的生与死》（*The Life and Death of Planet Earth*, Times Books, Henry Holt and Co., 2002）一书。作者在书中无情地探究了这两个因素。

20   在过去的 80 万年间，大气中的二氧化碳浓度从未超过 300 ppm。但由于人类活动，在 2018 年二氧化碳浓度超过了 400 ppm，为 300 万年来所仅见。参见 K. Hashimoto, ' Global temperature and atmospheric carbon dioxide concentration ', in *Global Carbon Dioxide Recycling*, SpringerBriefs in Energy (Singapore: Springer, 2019)。

21   实际情况当然要复杂得多。正文中我所描述的模型相当于一块光秃秃没有生命的硅酸盐岩石受风化侵蚀。几十亿年前这个模型是对的，但生命的出现改变了游戏规则。有机物和富含碳酸盐的沉积岩对风化作用产生了影响，有时导致其加快，有时导致其减慢，总体趋势难以预测（R. G. Hilton and A. J. West, ' Mountains, erosion and the carbon cycle ', *Nature Reviews Earth & Environment* 1, 284-299, 2020）。而且，陆地上绝大多数碳元素储存在生命产生的物质，也就是土壤中。温度上升会让土壤微生物的呼吸作用加快，向大气中释放更多的二氧化碳（Crowther *et al.*, ' Quantifying global soil carbon

losses in response to warming', *Nature* **540**, 104-108, 2016）。除此之外，还有一些因素会影响大气中的二氧化碳转移到深海的速率。

22 这个问题的复杂性在于，大约 8 亿年前地球可能经历了一次或多次小行星撞击。一项对月球环形山的研究发现，那一时期的撞击事件比较频繁。参见 Terada *et al.*,' Asteroid shower on the Earth-Moon system immediately before the Cryogenian period revealed by KAGUYA', *Nature Communications* **11**, 3453, 2020。

23 参见 Simon *et al.*,' Origin and diversification of endomycorrhizal fungi and coincidence with vascular land plants', *Nature* **363**, 67-69, 1993。

24 参见 Simard *et al.*,' Net transfer of carbon between ectomycorrhizal tree species in the field', *Nature* **388**, 579-582, 1997; Song *et al.*,' Defoliation of interior Douglas-fir elicits carbon transfer and stress signalling to ponderosa pine neighbors through ectomycorrhizal networks', *Scientific Reports* **5**, 8495, 2015; J. Whitfield,' Underground networking', *Nature* **449**, 136-138, 2007。

25 Smith *et al.*,' The fungus *Armillaria bulbosa* is among the largest and oldest living organisms', *Nature* **356**, 428-431, 1992.

26 膜翅目大约在 2.81 亿年前开始辐射演化（Peters *et al.*,' Evolutionary history of the Hymenoptera', *Current Biology* **27**, 1013-1018, 2017），已知最早的飞蛾生活在 3 亿年前（Kawahara *et al.*,' Phylogenomics reveals the evolutionary timing and pattern of butterflies and moths', *Proceedings of the National Academy of Sciences of the United States of America* **116**, 22657-22663, 2019）。

27 关于无花果和榕小蜂的简介，参见 J. M. Cook and S. A. West,' Figs and fig wasps', *Current Biology* **15**, R978-R980, 2005。这篇文章解释了为什么我们吃无花果的时候不会吃到一嘴榕小蜂。

28 参见 C. A. Sheppard and R. A. Oliver,' Yucca moths and yucca plants: discovery of " the most wonderful case of fertilisation "', *American Entomologist* **50**, 32-46, 2004。

29 参见 D. M. Gordon,' The rewards of restraint in the collective regulation

of foraging by harvester ant colonies ', *Nature* **498**, 91-93, 2013。

30　E. O. 威尔逊（E. O. Wilson）的《群的征服》(*The Social Conquest of Earth*, New York: Liveright, 2012）一书讨论了这一话题。

31　科学家们一致同意 2.5 亿年后地球上将出现一块超级大陆，但关于这块大陆的具体形状还有不同意见。一个模型认为，美洲将向西漂移和亚洲东部合并，太平洋将消失。另一个模型则认为美洲将和历史上发生过的一样，与欧亚大陆的西端合并，这将导致大西洋消失。特德·尼尔德的《超大陆》一书解释了这两种模型背后的原理。

32　一篇对深部生物圈很好的介绍，见于 A. L. Mascarelli, ' Low life ', *Nature* **459**, 770-773, 2009。

33　参见 Borgonie *et al*., ' Eukaryotic opportunists dominate the deep-subsurface biosphere in South Africa ', *Nature Communications* **6**, 8952, 2015; Borgonie *et al*., ' Nematoda from the terrestrial deep subsurface of South Africa ', *Nature* **474**, 79-82, 2011。

34　这位科学家是 N. A. 科布（N. A. Cobb）。美国农业部年鉴上的线虫钢笔画就是他画的。参见 ' Nematodes and their relationships ', *United States Department of Agriculture Yearbook* (Washington DC: US Department of Agriculture, 1914), p. 472。

35　对碳循环的建模研究表明，地球生命将在未来 9 亿到 15 亿年之间灭绝。之后再过 10 亿年，海水将会蒸发干净。参见 K. Caldeira and J. F. Kasting, ' The life span of the biosphere revisited ', *Nature* **360**, 721-723, 1992。在这之后会发生什么，取决于海水蒸干的速率。如果较快，则地球将成为干燥炎热的沙漠行星；如果较慢，则会导致强大的温室效应，使地球表面融化。《地球的生与死》一书详细介绍了这些令人宽慰的远景。到最后，一切都是无所谓的：再过数十亿年，太阳将成为"红巨星"，占据整片天空并把地球烧成灰烬，甚至直接吞没。随后太阳将把大部分质量甩出去形成"行星状星云"，剩下一颗能持续存在数万亿年的白矮星。虽然太阳很大，但还不足以产生超新星爆发，因此也不会有新一代的恒星、行星和生命诞生。

后记

1 参见 Barnosky *et al.*,' Has the Earth's sixth mass extinction already arrived?' *Nature* **471**, 51-57, 2011。

2 参见 https://www.carbonbrief.org/analysis-uk-renewablesgen-erate-more-electricity-than-fossil-fuels-for-first-time, accessed 26 July 2020。

3 例如保罗·埃利希（Paul Ehrlich）的《人口炸弹》一书。关于此书问世半个世纪以来所造成的影响，参见 https://www.smithsonianmag.com/innovation/book-incited-worldwide-fear-overpopulation-180967499/ – accessed 26 July 2020。

4 参见 https://ourworldindata.org/energy, accessed 26 July 2000。

5 参见 Friedman *et al.*,' Measuring and forecasting progress towards the education-related SDG targets', *Nature* **580**, 636-639, 2020。

6 参见 Vollset *et al.*,' Fertility, mortality, migration and population scenarios for 195 countries and territories from 2017 to 2100: a forecasting analysis for the Global Burden of Disease Study', *The Lancet* doi.org/10.1016/S01406736（20）20677-2, 2020。

7 例子见于 Horneck *et al.*,' Space microbiology', *Microbiology and Molecular Biology Reviews* **74**, 121-156, 2010。关于人类以外的生物有没有可能进行行星际旅行的问题，本书未予讨论。

8 ……这些人都是男性，这从某种程度上限制了人类繁衍后代的可能性。

致　　谢

写完《渡桥：认识脊椎动物的起源》(*Across the Bridge: Understanding the Origin of the Vertebrates*) 之后我发誓再也不写书了。

　　"我是不会再写另一本书的。"我对我的同事大卫·亚当 (David Adam) 说。当时，亚当是《自然》杂志的记者和主笔，我也在《自然》工作。我经常打断大卫的工作，和他一起讨论各种书刊。他已经写了两本书，《停不下来的人》和《潜在的天才》。

　　大卫无视我的抗议，建议我写一本关于化石研究的书。我在《自然》工作的这些年有幸接触了许多了不起的化石研究。

　　我一边抗议说自己绝不写书，一边写了这本书。

　　一开始我写的不像是一本科普书，而更像是对相关领域的全景展现，名为《谈谈霸王龙：我看地球生命的历史》。我的著作代理人，吉尔·格林伯格 (Jill Grinberg) 文献管理公司的吉尔·格林伯格对我当时在写的东西很感兴趣。但我对她说我这本书是畅所欲言的，带有个人色彩但也不掩饰缺点的一本启示录，而且在出版之前我想给书中所有被提到的人先看一遍。她同意了，我就是这么写的。

后来我的父母给我带来了一丝不安。他们说：亲爱的，你写得很好，但是除了你提到的这些人，还有谁真的在乎呢？吉尔建议我采用更平铺直叙的风格。我们通过交换草稿、发送长篇电子邮件和举行深夜电话会议进行了几个月的修订工作，最后才完稿。

首先要感谢的是大卫·亚当，这本书至少一开始是他的主意。如果你不喜欢这本书，责任也在于他，虽然我记得我们的同事海伦·皮尔逊（Helen Pearson）也帮了忙。

在本书写作期间，有不少人看过书稿，并提出了有用的建议。当然，本书如有错误，责任完全在我，书中许多大胆的推测也是来源于我。我要感谢下列人士对本书提出明智建议：佩尔·埃里克·阿尔伯格（Per Erik Ahlberg）、米歇尔·布鲁内（Michel Brunet）、布莱恩·克莱格（Brian Clegg）、西蒙·康韦·莫里斯（Simon Conway Morris）、维多利亚·赫里奇（Victoria Herridge）、菲利佩·詹维尔（Philippe Janvier）、米芙·利基（Meave Leakey）、奥列格·列别捷夫（Oleg Lebedev）、丹·利伯曼（Dan Lieberman）、骆泽喜（Zhe-Xi Luo）、汉娜克·梅杰（Hanneke Meijer）、马克·诺雷尔（Mark Norell）、理查德·罗伯茨（Richard 'Bert' Roberts）、舒德干（De-Gan Shu）、尼尔·舒宾（Neil Shubin）、玛格达莱娜·斯基珀（Magdalena Skipper）、弗雷德·斯普尔（Fred

Spoor)、克里斯·斯特林格（Chris Stringer）、托尼·斯图尔特（Tony Stuart）、蒂姆·怀特（Tim White）和徐星（Xing Xu），以及特别是在病重期间发表评论的珍妮·克拉克（Jenny Clack），这本书代表对她的纪念。

《恐龙的兴衰》（*The Rise and Fall of the Dinosaurs*）的作者史蒂夫·布鲁萨特（Steve Brusatte）为本书提出了许多有用的建议，他的学生们也看了书稿，其中许多人友好地提供了反馈。所以，感谢马修·伯恩（Matthew Byrne）、艾莉德·坎贝尔（Eilidh Campbell）、亚历克西安·查伦（Alexiane Charron）、妮科尔·唐纳德（Nicole Donald）、莉萨·埃利奥特（Lisa Elliott）、卡伦·黑利森（Karen Helliesen）、罗丝琳·霍洛伊德（Rhoslyn Howroyd）、塞韦林·赫林（Severin Hryn）、艾莉德·柯克（Eilidh Kirk）、佐伊·基尼戈普罗（Zoi Kynigopoulou）、帕纳约蒂斯·卢卡（Panayiotis Louca）、丹尼尔·皮洛斯卡（Daniel Piroska）、汉斯·皮舍尔（Hans Püschel）、鲁哈尼·萨林斯（Ruhaani Salins）、阿林娜·桑道尔（Alina Sandauer）、鲁比·史蒂文斯（Ruby Stevens）、斯特朗·史蒂文森（Struan Stevenson）、迈克拉·图兰斯基（Michaela Turanski）和加比娅·瓦西里奥斯凯特（Gabija Vasiliauskaite），还有一位不愿透露姓名的学生。

如果我遗漏了一些人的名字，在此深表歉意。

吉尔从 20 世纪开始就帮助我出版图书，我们一起做了很多工作。吉尔卖掉我第一部书《探寻深时》（*In Search of Deep Time*）之后，我曾飞往纽约专程请她吃晚饭——谁说骑士精神已经过时了？在吉尔的指引下，一部粗放的回忆录变成了你手里拿的这本书，引起了皮卡多尔（Picador）出版社的拉温德拉·米尔钱达尼（Ravindra Mirchandani）和圣马丁出版社（St. Martin's Press）的乔治·威特（George Witte）的注意。他们二人在非常困难的条件下（新冠病毒大流行期间）接手了项目。感谢拉温、乔治和吉尔以及他们所有的同事共同推进本书的出版。

1987 年 12 月 11 日星期五是我的幸运日。在那天，如今已故的伟人约翰·马多克斯（John Maddox）邀请我到《自然》杂志工作。我任职的这段时期可能正是科学史上最令人兴奋的时期，我在头排位置观看了许多精彩的科学发现，它们一一展现在我眼前。若非如此，我也不可能写出这本书。

最后，更应该感谢一直鼓励我的家人们，特别要真诚感谢我的妻子彭妮（Penny），我每次大发感慨说再也不写书的时候她都是微笑以对。

彭妮每天在晚上七点到九点之间都把我推进书房（周五和周六除外），并给我一杯茶和两块消化饼干，外加我忠实的狗——露露（Lulu）。没有她们，我是写不出来这本书的。